自适应图像处理算法及应用研究

安凤平　王宪莲　陈贵宾　孙红兵　马兴民　著

科学出版社
北京

内 容 简 介

图像成为人们对事物进行感知和认识的基本方式。可是，日常生活中人们接触或获取的各类图像一般都蕴含较为复杂的信息。图像处理算法尤其是自适应图像处理算法已成为图像处理和人工智能领域的一个研究热点。本书主要对二维经验模式分解（BEMD）、二维局域均值分解（BLMD）、深度学习及自适应小波算法进行研究和总结，使读者可以快速了解和掌握最新的图像处理算法。主要内容包括：传统 BEMD 方法及相关理论基础；BEMD 插值算法和端部效应消除算法；BEMD 停止条件和模式混叠消除算法；BLMD 算法；BEMD 算法与 BLMD 算法的应用研究；基于深度学习的应用研究和基于自适应小波的图像加密应用研究。

本书可供计算机、信号处理、自动化、人工智能等专业的研究生参考，也可供相关领域的研究人员参考。

图书在版编目（CIP）数据

自适应图像处理算法及应用研究 / 安凤平等著. —北京：科学出版社，2019.11

ISBN 978-7-03-062971-5

Ⅰ. ①自…　Ⅱ. ①安…　Ⅲ. ①图像处理-研究　Ⅳ. ①TN911.73

中国版本图书馆 CIP 数据核字（2019）第 242880 号

责任编辑：陈　静 / 责任校对：杨聪敏

责任印制：吴兆东 / 封面设计：迷底书装

科学出版社 出版

北京东黄城根北街 16 号

邮政编码：100717

http://www.sciencep.com

北京中石油彩色印刷有限责任公司 印刷

科学出版社发行　各地新华书店经销

*

2019 年 11 月第　一　版　开本：720 × 1 000　1/16

2019 年 11 月第一次印刷　印张：12

字数：250 000

定价：78.00 元

（如有印装质量问题，我社负责调换）

前　言

图像是认知与计算机学科中的一个活跃分支。而图像处理技术起源于 20 世纪 20 年代，当时第一张数字图片通过英国伦敦到美国纽约的海底光缆进行传输。此后，由于交通、生物、医学、遥感等领域的广泛应用，图像处理算法逐步得到关注并快速发展。到目前为止，图像处理算法已成为认知学、工程学、计算机科学、信息科学、生物学、医学甚至社会科学等领域各学科的学习和研究对象。随着 5G 通信、新一代信息技术革命的兴起，信息传输中的视频业务会急剧增长。其中，图像信息以信息量大、传输速度快、内容丰富等优点成为人类获取信息的重要来源和利用信息的重要手段。因此，图像处理学科会给人类带来巨大的经济和社会效益，也会成为人们日常生活中不可或缺的技术工具。图像处理理论的发展及应用会对我国现代化建设产生深远影响。在当前的信息社会中，图像处理学科无论在理论上还是在实践上都存在巨大的潜力。

本书共分为 8 章。作者根据多年的教学、科研的体会并参考相应文献，提炼出自适应图像处理算法所涉及的重要分支。众所周知，自适应图像处理算法所包含的内容非常广阔，以至于每章都涉及较深的理论及内容。因此，每章都可自成体系。本书只能提纲挈领地介绍自适应图像处理算法涉及的基本理论、方法和应用领域，其目的是使读者对自适应图像处理算法及应用领域有一个概括性了解，以便为后续深入研究奠定一个良好的基础。

本书在编写中得到了淮阴师范学院、北京理工大学两所学校行政部门的大力支持，同时本书也得到相关文献作者对公式推导、内容排版方面的帮助。此外，本书还引用了部分论文、书目和资料。对此，本人及其他作者深表感谢。最后，特别感谢本人妻子及家人的支持，他们也在不知不觉中以各种方式对本书出版做出了贡献。

限于作者水平，本书难免在内容取材和结构编排上有不妥之处，希望读者不吝赐教，提出宝贵的建议，我们将不胜感激。

安凤平
2019 年 10 月于淮阴师范学院

目　　录

第1章 绪　论

1.1 背　景

随着社会经济的迅速发展，图像业已成为人们对事物进行感知和认识的基本方式，已深入到普通老百姓日常生活当中。可是，日常生活中人们接触或获取的各类图像一般都蕴含较为复杂的信息，而相关信息并非可以直接获取或得到。数字图像处理技术可以帮助人们得到图像内部所蕴含的信息，解决这一问题。数字图像处理技术指的是利用计算机来处理图像信号转换成数字信号过程，并对图像进行分析处理，满足视觉及其他要求的一类技术[1,2]。20 世纪 20 年代，美国电话电报公司首次利用这一技术对纽约与伦敦间海底电缆传送的图像进行处理[1]；20 世纪 50 年代，伴随计算机的快速发展，人们逐渐通过计算机来对图像进行处理，比如美国喷气推进实验室首次通过灰度变化、去噪等方法对图像信息处理[2]；20 世纪 60 年代以后，数字图像处理逐渐形成一门学科，并应用到人们日常生活中，主要有：①航天和航空技术方面[3,4]，航天图像处理(如月球、火星照片)和航空航天遥感技术应用；②生物医学工程方面[5,6]，电子计算机断层扫描(Computed Tomography,CT)图像、X 光图像的增强,超声波图像处理等;③通信工程方面[7-9]，多媒体通信和图像通信等;④工业和工程方面[10,11]，自动装配线中检测零件的质量、零件自动分类、印刷电路板疵检查等；⑤军事公安方面[12-14]，导弹的精确末制导、各种侦察照片的判读、指纹识别、人脸识别、不完整图片恢复等。

数字图像处理技术有以上多个方面的用途，美国学者 González 按照其研究内容将图像处理分为：图像去噪、图像压缩、图像恢复、图像特征提取、图像分割、图像增强和图像融合等。

(1)图像去噪。

图像去噪，就是利用滤波技术来对原图像进行预处理，消除干扰图像信息，达到还原真实图像的目的。

(2)图像压缩。

图像压缩,就是通过相关技术来压缩描述图像的数据量,进而节约图像传输、处理和存储容量的目的。

(3)图像特征提取。

图像特征提取，就是先对图像进行预处理，再对图像进行特征提取处理，从而达到识别图像的目的。

(4)图像分割。

图像分割，就是对图像进行分割后再提取特征，也是图像进行后续分析和识别的基础和前提。

(5)图像恢复和增强。

图像恢复和增强，就是通过某些处理技术来提高原图像的质量和清晰度，达到便于分析的目的。

(6)图像融合。

图像融合，就是对两个及以上原图像分别进行融合，进而对同一事物或目标进行更为全面准确的图像描述。

文献[15]认为图像作为二维信号，空间上变化，频率也是变化的，这也是日常生活中直观感觉的一种现象。同时，文献[16]认为信号分析就是找出信号本身所蕴含的特征，而时间和频率就是信号的基本特征参量。文献[17]认为目前较为成熟的信号分析理论为傅里叶分析，傅里叶分析的频率是利用正弦信号进行定义的，与时间无关，它不能直接对这种变化频率进行相关研究。而研究变化频率最直接的方式就是对其瞬时频率进行分析和研究，如 1984 年 Griffin 和 Lim 关于短时傅里叶变换(short-time Fourier transform，STFT)研究[18]，2001 年 Baydar 和 Ball 所作 Wigner-Ville 分布研究[19]。这些学者提出的时频分析理论可以在某种程度上对频率演化进行分析，由于此类理论是在傅里叶理论基础上提出的，它们也就受傅里叶理论所约束[20-27]。2004 年 Kemao 提出了窗口傅里叶变换(windows Fourier transform，WFT)，尝试引入一个局部化时间窗口函数，解决这一问题[26]。由于窗口大小是固定的，仅可以提供有限范围的时频局部表示，所以没能从根本上解决问题。此外，文献[28]和[29]认为傅里叶、窗口傅里叶等理论都是基于线性系统提出的，对非线性信号无法做出有效的分析和处理。非线性非平稳信号处理过程中受到 Heisenberg 不确定原理影响，无法得到频率随时间变化的准确规律，极易产生虚假信号等问题，而且分解结果很大程度上取决于固定基函数。实际应用环境中，经常会遇到非平稳信号，若需要从这些信号中提取其非平稳特性，那么就不能利用这些方法较好地进行处理。针对无法处理非线性非平稳信号问题，法国科学家 Mallat 在分析地震信号时，构建了小波分析(wavelet analysis，WA)理论，进而开始了信号处理的新阶段——小波变换[30]。接下来相关学者也进行诸多研究，如 2000 年法国巴黎第一大学 Angel 等、2003 年中国科学院自动化研究所 Zhang 等和 2005 年 González 都做了相关研究[31-38]。小波理论自提出之后就得到了诸多应用和推广，其避免了窗口傅里叶变换中窗口大小不能随频率演化这一问题，成为时频局部化分解的有力工具，也是非平稳信号进行处理的较优方法。但是，小波变换是建立在线性系统基础上的，小波基函数仍需要预先人为设定，因此该方法本身不具有自适应特性，会因为小波基函数的固定特性，不能分解得到信号本身的多尺度特性。所以，数学及工程应用领域一直在寻找更好的时频分析工具。

正是在这一背景下，1998 年 Huang 等提出了经验模式分解(empirical mode decomposition，EMD)算法[39]，它是处理非线性非平稳信号的全新时频局部化分析方法，被学术界公认为应用数学研究史上的重要发明。EMD 算法包含经验模式分解和希尔伯特谱分析两个阶段，先将信号分解为多个固有模态函数(intrinsic mode function，IMF)；然后对分解得到的 IMF 进行希尔伯特变换(Hilbert transform，HT)，并得到时频平面上的能量分布谱图。EMD 方法本质上是将复杂信号平稳化处理，得到原始信号不同尺度下的波动或趋势。鉴于其良好局部特性，分解过程完全根据数据本身进行驱动。所以，此方法不但可以对平稳信号进行处理，还可以对非平稳信号进行分析。

文献[40]指出空间和空间频率是图像表征参量，鉴于之前一维信号处理方法二维化的成功经验，很多学者更加关注 EMD 方法的二维化，法国学者 Nunes 等[41,42]在 2003 年及 2005 年分别提出了 EMD 方法二维化理论——二维经验模式分解(bi-dimensional empirical mode decomposition，BEMD)及其修正方法，该方法沿用了 EMD 方法的基本原理，解决了影响 BEMD 方法的二维极值谱获取和二维包络面绘制两大问题。不同于一维情况，如何合理地定义二维极值点一直是个难题，Nunes 等认为，邻域窗法(neighbouring window method，NWM)在极值提取上取得一定效果，可仍不是十分理想；在包络面绘制方面，径向基函数(radial basis functions，RBF)没有对插值中心添加几何性质的限制，适于解决插值中心没有形成规则网络的问题，这二者问题均在包络面绘制中被采用。

从 2003 年 Nunes 提出 BEMD 方法到应用，短短十年间，BEMD 方法在图像处理中取得了巨大成功，尤其在遥感、医学、军事、公共安全和机器视觉等领域[43-49]。然而，该方法在应用中逐渐暴露了一些固有的弊端，引起学者广泛讨论的有[50-52]：插值方法、端部效应、停止条件以及模式混叠。因此，相关学者围绕这些问题提出了大量的 BEMD 优化方法。例如，2009 年中国科学院计算技术研究所 Wu 对 BEMD 方法模式混叠问题进行了研究，并加以解决。尽管取得了一定效果，但计算效率等方面仍然没有得到很好解决。2008 年美国国家航空航天局(National Aeronautics and Space Administration，NASA)的 Bernini 试图利用径向基拟合方法解决曲面插值拟合问题，虽然曲面插值拟合及计算效率问题得到了较好解决，但是仍然存在不同程度的模式混叠问题。瑞典的 Wielgus 利用端部预测来延伸信号，以便解决端部效应问题，虽然取得了一定效果，但是依然存在端部效应消除不尽或与理论计算值存在一定误差问题。美籍印裔 Bhuiyan 提出利用窗口分解法解决快速分解问题，虽然取得了极大的效果，但是算法改进过程中存在影响本来算法的自适应问题等[53-60]。这些学者仅针对 BEMD 方法的某一个问题进行相关研究，并没有对 BEMD 方法存在的问题进行系统分析和研究，并加以解决。

总之，插值方法、停止条件、端部效应和模式混叠已经成为 BEMD 方法公开的共识性基本问题。虽然许多研究工作十分关注并致力于解决这些问题，但公开报道的结果离较系统地解决这些问题还有明显的差距。此外，任何用于计算机处理的算法其计算效率都是一项不可回避的基本技术指标，因此在解决上述问题的同时还必须考虑到如何在较短的时间内保证算法的良好分解效果，提高算法的实时分解能力。因此，本书拟从提高 BEMD 算法的分解性能出发，对算法的插值方法、停止条件、端部效应和模式混叠等关键技术进行系统深入研究，使得算法在分解效果和分解效率上得到极大提高。同时，还着重研究优化后 BEMD 理论分别在图像去噪、特征提取以及融合中的应用：在图像去噪应用中，将会大幅度提高去噪水平和能力；在图像特征提取中的应用将减少无效特征提取和降低错误特征提取水平；在图像融合中的应用将大幅提升图像融合后的图像质量，降低冗余信息保留水平。本书将会建立一个更为优化的 BEMD 算法，使快速、稳定、高效的 BEMD 图像处理算法得以实现，为数字图像自适应技术的快速发展提供具有极大参考意义和实际价值的研究结果。同时，本书的研究以数字图像的实际应用和国家重大战略需求为背景，为矿山监测、交通管理、环境监测、军事战略、反恐安保等领域的实际应用提供基础理论依据和参考，具有重要的实践意义。

1.2 BEMD 理论国内外研究现状

1.2.1 插值方法及端部效应

1. 插值问题

从经验模式分解方法提出开始，诸多学者就对插值拟合方法不断丰富和发展，目前采用的插值方法主要有：多项式插值[61]、阿克玛(Akima)插值[62]、分段 Hermit 插值[63]和样条插值[64]。这些极值点是在一维空间拟合的，相对比较简单，而 BEMD 方法涉及的插值拟合需要在二维空间完成相关操作，问题就变得更为复杂。

BEMD 方法起初先将图像信号按照行、列分别进行插值处理，再将插值结果进行合成，然后进行后续分解操作，本质上仍是利用一维信息分别分析，并未考虑二维信号的关联特性。此后，学者提出了仿照小波变换思想将一维扩展到二维的张量积方法，分别从垂直和水平两个正交方向提取图像的二维包络信号，此方法较适合垂直和水平方向之外其他方向相关性不强的图像信号。为了进一步解决这一问题，有学者提出整体对提取得到的极值点进行二维拟合。此类算法主要有，法国巴黎第一大学 Nunes 等在 2003 年提出的基于形态学操作和径向基函数插值的包络曲面插值拟合方法，它的计算效率较低；Nunes 随后在 2005 年提出了该算法的改进版本，虽然取得了一定效果，但并未从根本上解决这个问题。在国内，重庆大学的 Deng 等在 2011 年利用 B 样条插值进行二维化处理[65]；中国科学院自动化研究所 Liu 等[66]提出了方向经验模式分解方法，此方法更多地考虑待处理图像的方向性，它对纹理图像处理效果较佳。二维图像信号插值拟合算法的发展方向是合理、准确和快速的。因此，诸多学者为了更好地推广和应用 BEMD 算法，更加注重插值算法的快速性和准确性。例如，法国格勒诺布尔-阿尔卑斯大学的 Damerval 等[67]提出了一种基于三角剖分和立方样条插值的快速插值方法，实现了快速分解，但插值拟合效果不够理想。综上，到目前为止，在 BEMD 算法的插值拟合问题中，还没有提出一种可以快速自适应地进行图像插值拟合的方法。

2. 端部效应

对有限长信号进行分析处理时会遇到端部效应问题，这是因为在信号分解过程中需要插值算法对极值点进行光滑处理。虽然信号内部极值点比较容易得到，但在插值拟合包络线及均值曲线计算时需要利用信号端部外的极值点或信号，而这些极值点或信号需要人为设定，这就会引起误差，并向信号内部污染，严重时甚至会使得分解结果失真。为了更好地解决这个问题，法国巴黎大学的 Rilling 等提出了镜像延拓方法[68]；加拿大渥太华大学的 Rato 等及我国西安交通大学的 Wu 和 Qu 提出了神经网络延拓方法[69,70]；中国海洋大学的 Deng 等及湖南大学的 Cheng 等提出了基于自回归模型(auto-regressive and moving average model，ARMA)的时间序列线性预测方法[71,72]；美国华盛顿大学的 Coughlin 和 Tung 提出了基于多项式拟合的延拓方法[73]；意大利摩德纳大学的 Cotogno 等提出了波形特征匹配延拓法[74]。迄今为止还没有严格理论关系给出这些方法的适用范围及端部效应效果改善情况。不过，通过大量应用实例表明，镜像延拓方法是较为有效的端部效应处理方法[75]。

相对于一维信号分析过程，二维信号分解过程中可以借鉴一维端部效应处理方法，也有相关学者针对 BEMD 方法提出端部效应处理方法。比如，法国格勒诺布尔-阿尔卑斯大学的 Damerval 等通过设定特定的筛分次数来减少 BEMD 方法的端部效应；瑞典国防研究局的 Linderhed 提出加入端部外极值点，这些极值点与端部等间距来抑制端部效应问题[76]；中国科学院自动化研究所 Liu 和 Peng 提出利用基于采样的无参纹理合成方法抑制 BEMD 方法的端部效应[77]。

插值拟合和端部预测作为问题的两个方面，不管选择什么插值方法，插值的准确性与端部预测都有直接关系；反之，不管选择什么端部预测方法，预测效果仍取决于它与插值方法的适应性和匹配性。

1.2.2　停止条件及模式混叠

1. 停止条件

在 BEMD 分解过程中，若过度分解，则会使得分解得到的二维固有模态函数(bi-dimensional intrinsic mode function，BIMF)成为纯粹频率调制信号。为了得到正确的 BIMF 分量，必须设定一个合理的分解停止条件。

在一维 EMD 分解过程中，分解停止条件主要有：美国 NASA 的 Huang 等先后提出的仿柯西收敛准则和简单终止准则，仿柯西收敛准则即停止条件(stopping criterion，SD)在 0.2～0.3 之间时，分解停止，简单停止条件是极点数目与过零点数目相等；法国巴黎第一大学的 Rilling 和 Flandrin[78]则提出利用人们对零均值条件的主观理解，通过特定的门限决定停止分解；英国帝国理工学院的 Rehman 和 Mandic 根据局部均值包络曲线最大幅度值来确定分解停止[79]；加拿大的 Rato 等提出基于能量差分跟踪法的停止条件[80]；中国科学技术大学的 Xie 等提出基于信号带宽的停止条件[81]。这些一维 EMD 分解停止条件为 BEMD 分解停止条件的确定提供了较多的思路。

现有的针对 BEMD 的停止条件主要以借鉴 EMD 停止条件为主，如 SD、简单终止准则和基于特定筛分次数的 BEMD 停止条件等。利用 Huang 等提出的终止准则可能使 BEMD 算法丧失原有的自适应性，因为对于同一个待处理信号，不同的 SD 取值可能会得到不同的 BIMF 分量组。SD 准则与小波变换中母波函数类似，都需要经过多次试算才能找到理想的处理结果。特定筛分次数法，优点是避免了可能存在的长时间筛分循环，缺点是不能保证每次获得的 BIMF 分量都是彻底筛分且满足 BIMF 定义条件。若能解决这一问题，则能使算法根据图像本身特征分解得到 BIMF 分量。因此，本书将以寻找最佳停止条件为主要目标对算法本身进行深入研究，解决算法可能丧失的自适应性问题，实现分解得到的 BIMF 分量一致。

2. 模式混叠

BEMD 分解过程中会产生模式混叠现象，为了获得更为真实可靠的模式信息，必须对这一现象进行抑制。模式混叠[82,83]就是相似尺度信息存在多个 BIMF 分量，或一个 BIMF 分量含有多个尺度信息。间歇性成分是引起模式混叠的主要原因，为了抑制这种现象，Huang 等提出了间歇性测试，在一定程度上取得了抑制效果，但存在以下问题。

(1)间歇性测试需要人工介入，这就破坏了 BEMD 的自适应性，有悖于方法的初衷。

(2)若能从信号中准确分离出间歇性成分，则此方法可抑制模式混叠现象。对于绝大多数的工程信号而言，间歇性成分常常混在一个连续分布的尺度信息内，所以此方法抑制效果较差。

为了在不引入间断测试的情况下克服模式混叠问题，美国佛罗里达州立大学的 Wu 等于 2009 年提出了基于噪声辅助数据分析方法(noise-added data analysis method)的集合经验模式分解[82](ensemble empirical mode decomposition, EEMD)，以此抑制模式混叠现象。它的思路：将多次重复实验的平均值定义为最终固有模态分量，每次实验对象是由原信号和不同白噪声构成的复合信号；不需要人为介入就能较为准确地分离出不同尺度信息；核心是可以对模式混叠现象进行抑制。Wu 和 Huang 又提出了多维集合经验模式分解[83](multi-dimensional ensemble empirical mode decomposition)，来对 BEMD 分解过程中产生的模式混叠现象进行抑制，抑制效果不尽如人意。

目前 BEMD 的模式混叠问题虽然得到了一定抑制，但是效果仍不理想，因为所提出的抑制理论本身并不具有自适应或自协调特性，换言之，就是抑制理论无法根据图像本身所具有的特征来进行消除，只是根据自身理论去进行抑制，这也是效果不理想的主要原因。

1.3　图像处理应用现状

1.3.1　图像去噪

图像效果差、影响后续图像分析都是需要预先对图像进行去噪的原因。到目前为止已有多种去噪算法，主要分为基于空域的去噪算法[84]和基于变换域的去噪算法[85]。基于多尺度变换的变换域去噪算法应用最为广泛，效果也较好[86-90]。

变换域图像去噪方法[88-90]就是运用不同变换方法将在空域中的原图像转换到相应变换域进行图像表示，实现图像真实信号和噪声信号在变换域的识别和分离。理想状态下，在变换域中，图像真实信号可以稀疏表达，噪声信号性质不变；变换域去噪可以过滤变换小的系数，保留能量大的系数，得到真实图像信号。

多尺度变换作为基于变换域去噪的一大类方法，已经在诸多领域得到推广和应用，最为熟悉的是基于小波变换的图像去噪方法[91-93]，此外还有如 Zhang 和 Desai 提出的基于无偏风险估计的阈值去噪[94]，Abramovich 等尝试利用贝叶斯(Bayes)模型进行 Bayes 阈值去噪[95]，Sendur 和 Selesnick 利用广义高斯模型进行去噪[96]等，这些去噪方法不论是去噪能力，还是去噪效率，都不尽如人意。另外，有相关学者通过图像的变换系数统计建模进行去噪[97-100]，如 Mihcak 等尝试利用零均值高斯模型[101,102]，Moulin 和 Liu 建立基于广义高斯分布模型[103]，Romberg 等利用隐马尔可夫模型[104]，Portilla 等建立高斯尺度混合模型[105]等。它们都是通过对变换系数建模，再利用 Bayesian 技术估计“干净”系数，实现图像去噪。由于图像去噪效果与模型关系极大，若去噪模型的适用性和范围无法得到保证，则无法大范围推广和应用。最为熟悉的小波变换已经得到广泛运用和推广，效果也较好。但由于其不具有平移不变这一特性，去噪图像出现伪吉布斯效应，影响进一步发展。为了解决这一问题，Selesnick、Baradarani 等提出了双树复小波变换（the dual-tree complex wavelet transform，DTCWT）来加以解决，并得到广泛应用[106,107]，但效果相对差一点。

近年来，伴随着人工智能算法的快速发展，衍生了一些基于人工智能算法的图像去噪算法。例如，基于人工神经网络方法的图像去噪[108-112]，尤其是脉冲耦合神经网络方法有较为明显的去噪效果[108,109,111]；具有良好泛化能力的支持向量机也被引入图像去噪领域当中[113]。鉴于基于人工智能的图像去噪方法在模型假设和模型学习过程中必须做预处理工作，这类方法的自适应能力难以得到充分发挥，推广应用仍受到一定的限制。图像去噪自适应能力的重要意义在于去噪处理后能最大限度地保留图像本身的特征信息，不至于影响到后期图像分析及处理，但在实际去噪过程中甚至会造成图像失真现象。这也是小波方法、人工智能去噪方法的一大缺陷。

然而，1998 年 Huang 等提出的 EMD 方法似乎为解决这一问题提供了一个有效的技术途径。作为一种处理非平稳信号的时频分析技术，EMD 方法已经在地震[114]、结构诊断[115]、生物[116]、机械故障诊断[117,118]以及海洋[119]等领域得到应用。与傅里叶变换（Fourier transform，FT）和小波变换等传统信号处理方法相比，它抛弃了需预先设定某个基函数的前提条件，完全利用数据自身特性进行分析，可以更好地揭示信号本身所具有的局部特性。正由于这一特性，法国巴黎第一大学的 Nunes 等于 2003 年将其二维化，提出了 BEMD 方法及其改进方法。

BEMD 算法自 2003 年提出就被业内所关注和重视，到现在已在图像去噪领域得到了广泛运用。BEMD 算法能够根据待处理图像本身的特征信息进行去噪，但由于去噪过程中的筛选过程过长，存在端部效应、模式混叠等问题，去噪过程中丢失了部分细节和边缘信息，不能更好地应用和推广。因此，本书将着手研究算法本身原理，优化算法结构，消除甚至避免算法本身存在的问题，实现快速可靠地图像去噪。

1.3.2 图像特征提取

图像特征提取因机器视觉产生而存在，它为计算机识别并提取构成图像的相关像素点提供技术工具，它指的是像素点进行分析以确定其特征归属的过程。从变换或映射角度来分析，它是对某一模式下的组测量值进行变换处理，突出该模式所具有的代表性特征的一种方法，通过影像分析和变换，将部分区域满足要求的特征点选取出来作为继续识别的信息输入。图像特征作为图像描述中的“有趣”部分，体现着图像本身的最基本属性，它能结合视觉进行量化表示。特征选取时应避免“维数灾难”，高维特征空间运算所带来的计算量将为后续处理带来不可忽视的障碍。一般来讲，良好的特征应具备可区分性、可靠性、独立性、数量少这四个方面的特点。

特征提取技术现已广泛应用到计算机视觉、遥感数据处理与分析、医学图像处理、雷达图像目标跟踪和数字地图定位[120-122]等领域。根据利用的图像信息类型不同，将图像特征提取算法分为：基于变换域的方法、基于灰度信息的方法和基于特征的方法。

基于变换域的代表方法有：快速傅里叶变换（fast Fourier transform，FFT）[123]、小波变换[124]及 Walsh 变换[125]等算法，思路是先对图像空域数据进行处理，变换为频域数据，再通过相似性来衡量两者之间的变换特征，并进行图像特征提取，但由于计算量非常大，应用推广较难。第二类方法主要有互相关（cross-correlation，CC）理论[126]、序贯相似检测算法（sequential similarity detection algorithms，SSDA）[127]、空间互信息（spatial mutual information，SMI）法[128]等，即先利用图像本身的灰度信息，来度量两幅图之间的相似性参数信息，再通过某些搜索算法使其达到最优，实现图像特征匹配。此类方法实现简单，无须对图像进行复杂预处理，但是对于图像非线性变形则无法提取特征信息，且相似度衡量最优计算往往需要巨大的计算时间。最后一类是基于特征的匹配方法，它是目前研究最多和应用最广的一类特征提取方法。思路是：首先对两幅图像进行图像特征提取，再进行相似性度量匹配，最后根据特征匹配关系确定二者之间的转换关系。此类方法相比其他两种方法，具有计算量小、可靠性高、适应性强的特点。在这类特征提取方法中，由于尺度不变特征转换（scale invariant feature transform，SIFT）算法具有较强的鲁棒性、能提取出大量的特征和独特性这些优点，得到了更多学者关注。SIFT 算法[129]由 Lowe 在 1999 年首次提出其雏形，于 2004 年得到完善。文献[130]详尽地阐述 SIFT 的特征提取原理，确定特征提取过程中的各个参数，比如尺度个数、特征维数等。由于具有良好的不变性和稳定性，它被广泛应用到各个领域，如对象识别[131]、视频目标跟踪[132]和图像拼接[133]。

尽管 SIFT 算法具有这些良好特性，得到了广泛应用，但由于算法自身复杂度高，对复杂图像处理易出现维数灾难、计算时间长等问题。鉴于此，本书将先利用 BEMD 算法对图像进行分解，得到多个 BIMF；再利用优化后的 SIFT 算法进行特征提取；最后合成和累加得到原图像的特征信息，实现快速图像特征提取。

1.3.3 图像融合

20 世纪 80 年代以来，信息融合技术逐渐成为信息领域一个重要研究方向，图像融合属于信息融合的重要分支，它最早被应用到遥感领域[134,135]。在我国，图像融合技术起步较晚，后劲较大，目前有很多大学及研究院所开展相关研究。图像融合技术当前已广泛运用到医学、安全、地理、军事等众多领域。例如，医学领域中通过 CT 图像和磁共振成像(magnetic resonance imaging, MRI)图像融合，形成一幅新图像，可以对病灶诊断提供依据，提高诊断正确率；在安全领域，将数字水印与图像融合，达到数字水印隐藏在图像之中的目的；在地理领域，对全色图像和多光谱图像融合，为天气预测、地图绘制提供依据；在军事领域，如导弹精确制导方面，就需要图像融合技术作为其关键支撑[136]。

根据图像融合所处阶段不同可以分为[137]像素级融合、特征级融合和决策级融合。在这三类图像融合阶段，尤以像素级融合研究最多，应用最广，效果也最好，基本思路如图 1.1 所示。它也是本书涉及的图像融合的重要研究内容。思路是通过多个传感器得到同一物体或区域的图像信息，再根据一定的融合规则将这些图像信息融合到一幅图像当中，在进行图像融合之前需对原图像进行去噪等操作。此图像融合技术的优点是能够更好地保留原始图像特征信息，比特征级和决策级图像融合技术提供更丰富的特征、细节信息[138]。

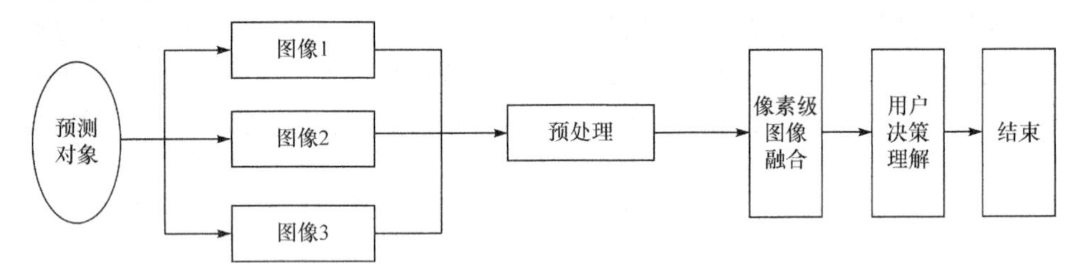

图 1.1　像素级融合结构图

根据国内外相关研究成果，可以将像素级图像融合分为基于空间域的融合算法和基于变换域的融合算法[139]。空间域图像融合是直接在图像像素灰度空间上融合；变换域图像融合是先对原图像进行空频域变换，再对变换系数按照事先设定的规则进行组合，获得融合图像变换系数，最后通过逆变换得到融合图像。空间域图像融合提出较早，操作简单，效果较差，虽然后来提出较多改进方法，但是效果仍然不尽如人意。典型的方法有：线性加权融合法、假彩色融合法[140]、统计模型方法[141]和人工神经网络方法[142]。变换域图像融合算法相对提出较晚，操作上稍微复杂，但是融合效果好，后来被大范围推广和应用。主要方法有[143-152]：FFT 方法、基于离散余弦变换法和基于多尺度变换。

1. 空间域融合算法

1) 线性加权融合法

线性加权融合法指的是对原图像的每个像素灰度值进行加权平均，生成新的图像。它是最直接的图像融合方法，虽然加权平均客观上可以提高图像信噪比，但是图像的对比度被削弱，图像边缘、轮廓变得模糊。线性加权融合法思路如图 1.2 所示。

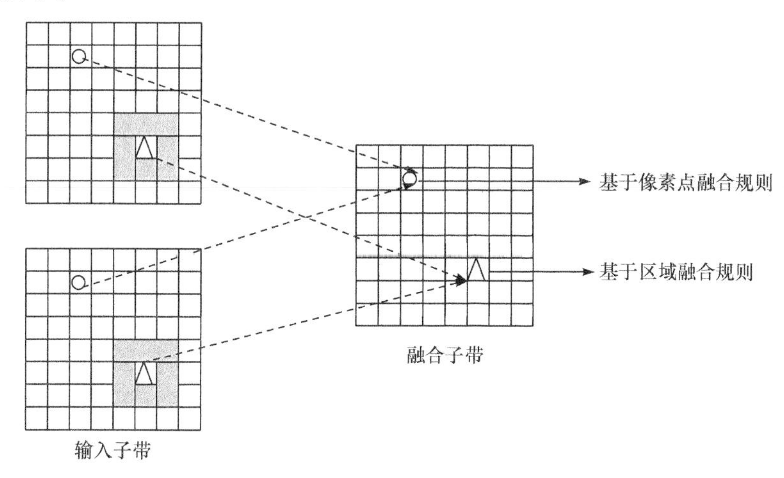

图 1.2　线性加权融合法示意图

2) 假彩色融合方法

假彩色融合方法是利用人眼对颜色的分辨率远超过对灰度等级的分辨率这一视觉特性提出的，最具代表的是 IHS 变换，其中的 I、H、S 分别表示强度(intensity)、色调(hue)和饱和度(saturation)，它首先将 3 个波段的多光谱图像的 RGB 颜色空间转化到 IHS 空间的 I、H、S 量，将 I 分量与高空间分辨率图像进行直方图匹配；再用高分辨率图像替换 I 分量；最后把同色调 H、饱和度 S 利用 IHS 逆变换获得融合图像。Tu 等利用进化策略来求解光谱强度分量的最佳变换问题，得到的融合图像与多光谱图像和高分辨率图像在光谱强度方面有很大的相关性。Tu 等提出了一种通过光谱调整来减小融合过程中所产生的光谱畸变的融合方法。

3) 统计模型方法

统计模型方法是建立图像或成像传感器统计模型的基础上，确定出融合优化函数进行参数估计。典型的统计模型方法有贝叶斯最优化方法和马尔可夫随机场方法。

2. 变换域的融合方法

常用的基于变换域的融合方法主要有基于 FFT 方法、基于离散余弦变换法和基于多尺度变换的图像融合方法，其中基于多尺度变换的图像融合方法是目前图像融合的研究热点，也是本书的重点研究内容。

多尺度分解过程与计算机视觉及人眼视觉系统中由粗到细认识事物的过程十分相似，它把图像分解为能保持局部信息的不同尺度、不同方向的子图像系列，它们分别代表不同的特征，如边缘、零交叉、梯度、对比度等。基于多尺度变换的图像融合方法的框图如图 1.3 所示。

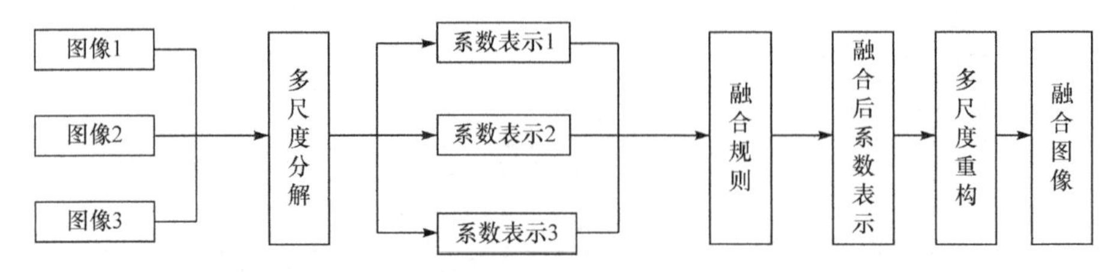

图 1.3 基于多尺度变换的图像融合方法框图

根据多尺度的变换和重构的工具不同，基于多尺度变换的融合方法可分为基于金字塔变换、基于小波变换的融合方法和基于其他多尺度分解的融合方法。

1) 基于金字塔变换的融合方法

最早的拉普拉斯金字塔变换是由 Burt 和 Adelson[153]于 1983 年提出的，该算法先得到原图像的高斯金字塔。Toet[154]提出了低通比率金字塔变换、对比度金字塔和形态学金字塔用于图像融合。1992 年，Burt[155]提出了基于梯度金字塔的图像融合算法，能够更好地保留原图像的边缘信息。金字塔分解是冗余的、无方向性的，各层间存在相关性，融合后图像高频损失大，细节特征不明显[156,157]。

2) 基于小波变换的融合方法

由于小波具有良好的时频局部化特征，在很多领域得到了应用。20 世纪 90 年代初期，Ranchin 和 Wald[158]首次将小波变换引入图像融合领域。小波变换与金字塔变换一样，也是一种多尺度多分辨率分析的分解算法，但是小波变换是一种非冗余的多方向的分解，它在提取图像低频信息的同时，还可获得水平、垂直以及对角三个方向的高频细节信息，在理论上较传统的金字塔融合方法具有更好的效果。基于小波变换的图像融合算法的框架如图 1.4 所示。

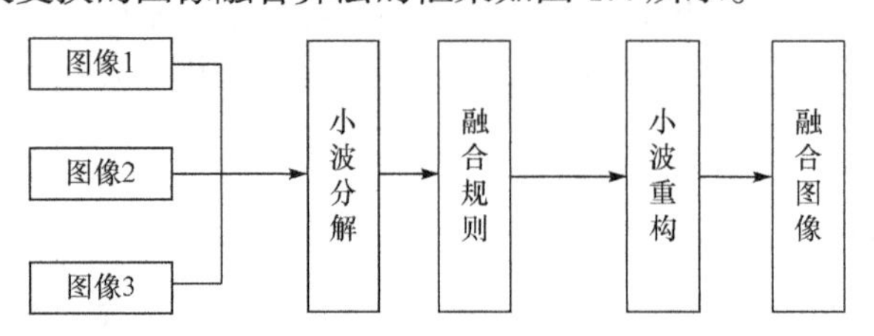

图 1.4 基于小波变换的图像融合算法的框架

进入 21 世纪以来随着小波变换与多分辨率分析理论研究的深入，图像融合等处理中出现了很多多尺度变换，如小波包变换[159]、多进制小波变换[160]、DTCWT[161]等。这些方法虽然取得了较好的效果，但也同样存在问题，例如，融合后的图像边缘等部分出现失真，效果不够理想，尤其是当存在配准误差的情况下，图像融合效果更差。为了解决这个问题，Rockinger[162]将离散小波变换（discrete wavelet transform，DWT）用于遥感图像融合处理，后来在 DWT 理论基础上，Nunez 等采用离散小波 àtrous 算法进行图像融合，Candès 和 Donoho 提出了 Curvelet 变换[163]，Do 和 Vetterli 于 2002 年提出了 Contourlet 变换[164]。Contourlet 变换[164,165]可以实现最优线性重构，但是由于它与 DWT 具有相同的下采样过程，不具有平移不变性，信号频谱会产生一定的混叠现象，在图像融合中则表现为较明显的吉布斯现象。Cunha 等受到构造非下采样小波的启发，于 2006 年应用 àtrous 算法提出了一种非下采样 Contourlet 变换[166]，不但继承了 Contourlet 的多尺度、多方向的性质，还具有平移不变性质，变换后能量更加集中，有利于分析和跟踪图像的重要特征。Zhang 和 Guo[167]提出了一种基于 Contourlet 变换的红外与可见光图像融合方法，并与其他多尺度分解融合方法比较，得到了较好的视觉效果和性能指标。非下采样冗余小波变换提高了图像融合的效果，缓解了吉布斯现象对图像融合质量的影响，同时也带来了计算量的增加。小波变换依赖于小波函数的选取和预先定义的滤波器，并且相同的应用对于不同的小波函数或不同的滤波器融合后图像质量影响很大。

BEMD 算法为解决这些问题提供了一个可供尝试的技术途径。因为 BEMD 算法是一种具有自适应特性的数学分析工具，它克服了小波所固有的缺点，由数据驱动，能较好地表现数据的特征，在图像融合中也可以取得较好的效果，所以一经提出就引起了广泛的重视，在图像融合领域得到推广和应用。可是，BEMD 在图像融合过程中会出现多幅图像分解得到的 BIMF 分量不同的问题，难以用一个统一的标准进行融合。

第 2 章　传统 BEMD 方法及相关理论基础

2.1　引　　言

1998 年 Huang 等提出了 EMD 信号处理方法，它是一种处理非平稳信号的时频分析方法。EMD 方法已在地震、结构诊断、生物、机械故障诊断以及海洋等领域得到应用。与 FT 和小波变换等传统信号处理相比，它抛弃了需要预先设定某个基函数的前提条件，完全依靠数据自身特性驱动分解过程的实现，因而能够更好地揭示信号本身的时频局部变化特性。

一维 EMD 方法在工程应用上获得的巨大成功使得更多学者关注其二维化。Nunes 等最先将 EMD 方法进行拓展，建立了 BEMD 算法，并用于图像信号处理。BEMD 方法基本沿用一维 EMD 的思路，初步解决了 BEMD 算法的极值点提取和包络面绘制。由于这种算法的高度自适应特性，一经提出就引起了广泛的重视，已经在图像压缩、图像纹理分类、图像去噪[168]、图像融合[169]等方面获得诸多应用。可该方法在这些应用过程中也暴露了弊端和存在的问题，引起学者广泛关注的有：插值计算、停止条件、端部效应和模式混叠。因此，针对这些存在的问题也发展出了诸多 BEMD 改进方法，但到目前为止还没有一个方法能够较为系统地解决这些问题。

2.2　一维经验模式分解

假设任何复杂信号都是由一些相互不同的、简单的、并非正弦函数的 IMF 分量组成，每个 IMF 可以是线性的，也可以是非线性的。IMF 必须满足下面两个条件：

(1) 整个数据序列中，极值点的数量与过零点的数量相等或至多相差 1；

(2) 信号上任意一点，由局部极大值点确定的包络线和由局部极小值点确定的包络线的均值均为 0，即信号关于时间轴局部对称。

对一原始信号 $x(t)$，首先找到 $x(t)$ 上所有的极值点；然后用三次样条函数曲线对所有的极大值点进行插值，拟合出原始信号 $x(t)$ 的上包络线 $x_{\max}(t)$。类似地，可以得到下包络线 $x_{\min}(t)$。上下两包络线包含了所有的信号数据，按顺序连接上下两条包络线的均值，即得一条均值线 $m_1(t)$：

$$m_1(t) = [x_{\max}(t) + x_{\min}(t)]/2 \tag{2.1}$$

再用 $x(t)$ 减掉 $m_1(t)$ 得到 $h_1(t)$：

$$h_1(t) = x(t) - m_1(t) \tag{2.2}$$

对于不同的信号，$h_1(t)$ 可能是一个 IMF 分量，也可能不是一个 IMF 分量。一般来说，它并不满足 IMF 所需的条件，此时将 $h_1(t)$ 当作原始信号，重复上述步骤 k 次，直到满足判断条件：

$$\mathrm{SD} = \sum_{t=0}^{T} \left| \frac{[h_{1(k-1)}(t) - h_{1k}(t)]^2}{h_{1(k-1)}^2(t)} \right| \tag{2.3}$$

可得

$$c_1(t) = h_{1k}(t) \tag{2.4}$$

此时，$c_1(t)$ 被视为一个 IMF。经验表明，SD 值一般取 0.2～0.3。

从 $x(t)$ 中减去 $c_1(t)$ 得剩余信号，即残差：

$$r_1(t) = x(t) - c_1(t) \tag{2.5}$$

将 $r_1(t)$ 看作一组新信号，重复上述分解过程，经多次运算可得到全部的残差 $r_i(t)$：

$$r_{i-1}(t) - c_i(t) = r_i(t), \quad i = 2,3,\cdots,n \tag{2.6}$$

当 $r_1(t)$ 满足条件：$c_n(t)$ 或 $r_n(t)$ 小于预定的误差，或残差 $r_n(t)$ 成为一单调函数，即不可能再从中提取 IMF 分量时，就终止分解过程。至此，原始信号 $x(t)$ 可由 n 阶 IMF 分量及残差 $r_n(t)$ 构成：

$$x(t) = \sum_{i=1}^{n} c_i(t) + r_n(t) \tag{2.7}$$

式中，$r_n(t)$ 称为残差函数，表示信号趋势。

2.3　BEMD 方法

2.3.1　基本原理

与一维 EMD 方法类似，BEMD 方法在对图像信号进行分解时，原始图像或原始图像在经过一阶或多阶求导后能够出现满足条件的极值点，图像表征特征信息的尺度通过极值点之间的距离来表示。对于一个二维图像 $f(m, n)$ 的 BEMD 方法的基本过程如下所示。

(1) 待分解图像进行初始化，$r_0(m, n) = f(m, n)$，k=1，$(m, n) \in [0, M-1] \times [0, N-1]$，其中 M 和 N 分别代表图像离散到平面上的行列数。

(2)初始化 $h_{k,0}(m,n)=r_{k-l}(m,n)$，$l$=1。

(3)提取得到 $h_{k,l-1}(m,n)$ 的极值点。

(4)利用三次样条插值法分别进行插值，计算得到 $h_{k,l-1}(m,n)$ 的上下包络曲面 $e_{\max,l-1}(m,n)$ 及 $e_{\min,l-1}(m,n)$。

(5)利用上下包络曲面，求取均值包络曲面，计算公式为

$$e_{\mathrm{mean},l-1}(m,n)=\frac{e_{\max,l-1}(m,n)+e_{\min,l-1}(m,n)}{2} \tag{2.8}$$

(6)对于原始图像信号进行更新，获得需要继续迭代的新信号。

$$h_{k,l}(m,n)=h_{k,l-1}(m,n)-e_{\mathrm{mean},l-1}(m,n),\quad l=l+1 \tag{2.9}$$

(7)计算标准偏差 SD，计算公式为

$$\mathrm{SD}=\sum_{m=0}^{M}\sum_{n=0}^{N}\frac{\left|h_{k,l-1}(m,n)-h_{k,l}(m,n)\right|^2}{h_{k,l-1}^2(m,n)} \tag{2.10}$$

(8)重复步骤(2)～步骤(7)，直到计算得到的标准差小于预先选定的终止迭代判定值(SD)(一般取 0.2～0.3)，迭代终止。此时 $h_{k,l}(m,n)$ 为筛分得到的二维固有模态函数，即 $\mathrm{bimf}_k(m,n)=h_{k,l}(m,n)$。

(9)更新信号，获得剩余信号。

$$R_k(m,n)=r_{k-1}(m,n)-\mathrm{bimf}_k(m,n) \tag{2.11}$$

(10)重复步骤(1)～步骤(9)，直到 k=k+1 的剩余信号 $r_k(m,n)$ 为单调信号，得到所有 BIMF 分量后，BEMD 分解过程结束。

原始图像最终可以表示为 BIMF 分量和最后剩余信号之和，公式为

$$f(m,n)=\sum_{k=1}^{K}\mathrm{bimf}_k(m,n)+r_k(m,n),\ k\in N^* \tag{2.12}$$

式中，N^* 表示正整数。

2.3.2 极值点提取方法

二维图像信号并不像一维信号那样寻找极值点。二维图像信号提取极值点与人们的感官认识不同，难点在于如何对二维空间中的极值点进行定义。由于没有严格的理论证明，也就没有绝对的定义，只能通过 BEMD 分解结构来进行适当定义。一般采用邻域比较法来提取极值点，邻域比较法是根据图像中的像素点与相邻的像素点进行比较的一种方法。若某点灰度值比相邻点大，则此点为局部极大值点；若该点灰度值小于相邻点，则为局部极小值点。一般一个给定的 8×8 的矩阵，最多要与周围的 8 个邻域点进行比较，其中图像内部的点要与 8 个点比较后才能确定是否为极值点，边界上的点只需要与周围邻域 5 个像素点比较，而图像的角点则只需要与周围 3 个点比较即可。

2.3.3　二维插值技术

利用邻域比较法得到极值点之后，就需要对这些极值点进行插值计算，得到光滑的拟合表面，此过程与 EMD 过程相类似，但更加复杂，主要是数据量大和插值技术要求高。目前应用较为广泛的为径向基函数(RBF)插值法。

RBF 插值方法并没有对插值中心增加任何几何限制，比较适宜处理插值中心未形成规则网络的问题。此外，RBF 方法是具有完备理论证明的方法之一。其具体流程如下。

假定一个含有 d 个变量的实值函数 f: $\mathbf{R}^d \to \mathbf{R}$，在给定函数值 $\{f(x_i): i=1,2,3,\cdots,N\}$ 条件下，利用函数 s: $\mathbf{R}^d \to \mathbf{R}$ 对其进行评估，其中 $\{x_i: i=1,2,3,\cdots,N\}$ 是在 $\mathbf{R}^d$ 上的一些相异点，称为操作节点。RBF 的估量 $f_{\mathrm{RBF}}(x)$ 通过下式得到：

$$f_{\mathrm{RBF}}(x) = p_m(x) + \sum \lambda_i \chi(\|x - x_i\|),\ x \in \mathbf{R}^d,\ \lambda_i \in \mathbf{R} \tag{2.13}$$

式中，p_m 为低次多项式，是一个具有 d 个变量、m 次的多项式；$\|\cdot\|$ 为欧氏范数；λ_i 为 RBF 系数；χ 为一个实值函数，即基函数；x_i 为 RBF 的中心。

2.3.4　BEMD 方法存在的主要问题

1. 停止条件

在传统的 BEMD 方法当中，过筛分会使得分解得到的 BIMF 变为纯粹的频率调制信息，幅度趋于恒定。为保证分解得到的 BIMF 在幅值和频率上均有物理意义，必须确定一个合适的筛分停止条件，以保证 BEMD 不会出现过筛分现象，一般的解决方法有以下几种。

(1) 通过制定一个标准差 SD 确定筛分停止条件，具体如下：

$$\mathrm{SD} = \sum_{m=0}^{M} \sum_{n=0}^{N} \frac{\left| h_{k,l-1}(m,n) - h_{k,l}(m,n) \right|^2}{h_{k,l-1}^2(m,n)} \tag{2.14}$$

一般情况下 SD 取值为 0.2～0.3，可根据实际处理数据进行调整。SD 准则需要经过很多次计算才能找到较为的理想结果，有时甚至寻找不到较为理想的结果。

(2) 固定循环法。通过规定筛分次数来终止分解过程，优点是计算时间大为缩短，缺点是不能保证获得彻底筛分。

2. 端部效应

在有限的信号分析过程中，总是会遇到端部处理问题，称为端部效应，它会对分解精度造成很大影响，尤其当信号较短时，影响非常严重。在 BEMD 方法中，需要通过二维插值法及极值点拟合成光滑曲面，信号内极值点较为容易提取，而端部极值点则需要通过一定手段取得。由于数据之外的信息为零，人为预测比较容易造成拟合误差。BEMD 筛分过程需要反复求取信号包络，端部极值的不确定会影响每次包络所存在的拟合误差，这种误差还会随分解的进行向内污染，严重时甚至出现失真结果。在研究和应用一维 EMD 过程中，就发现了端部效应问题。经过多年发展，相关学者已经提出了较为成熟的端部效应抑制技术，而 BEMD 方法产生的端部效应，还没有引起相关学者的足够重视，讨论也很少。

在现有的端部效应处理技术当中，主要有镜像延拓方法、神经网络延拓方法、基于自回归时间序列线性预测方法、基于多项式拟合的延拓方法和波形特征匹配延拓法等。

这些端部效应处理方法不能满足以下要求：一是计算时间适中；二是保持端部的连续性；三是能够自适应提取图像特征信息。

3. 模式混叠

BEMD 算法分解得到的 BIMF 分量包括了尺度差异较大的信息成分，或是一个相似尺度的信息成分出现在不同的 BIMF 分量中，即产生模式混叠现象。间歇性成分是引起模式混叠的主要原因，为了抑制这种现象，Huang 等[39]提出了间歇性测试，在一定程度上起到抑制作用，却存在以下问题：一是间歇性测试需要人工介入，这破坏了 BEMD 算法的自适应性，有悖于方法的初衷；二是如果可以从信号中准确分离出间歇性成分，那么这种测试方法是可行的。然而，对于绝大多数的工程信号而言，间歇性成分常常混在一个连续分布的尺度信息内，所以这种测试方法往往收效甚微。

4. 插值计算

由于 BEMD 方法计算时间长，效率低，其在很多图像处理领域得不到进一步应用和推广，BEMD 理论插值效率低是造成算法分解时间过长的主要原因之一。这是因为 BEMD 方法在筛分每一阶 BIMF 的过程中，为满足终止条件，需要进行几十次甚至上百次的迭代；需要不停地做插值拟合包络面，加大了计算量。在图像处理领域，由离散数据点重建光滑表面的方法大致可以分为两类：插值法(interpolation)和估计法(approximation)。一般来说，插值重建法要求拟合曲面与每个数据点重合，因此精度要求相对较高。

然而，通过研究我们发现，随着分解的进行，极值点数量会逐渐减少，插值法产生错误重建表面、错误 BIMF 分量的可能性将大幅度上升。而且，如果待处理信号携带过多的噪声，则会出现插值中心过多的现象。

2.4　相 关 理 论

2.4.1　支持向量机基本原理

支持向量机(support vector machine，SVM)是从对相关数据进行分类处理发展起来的，其进行机器学习过程如图 2.1 所示[170]。

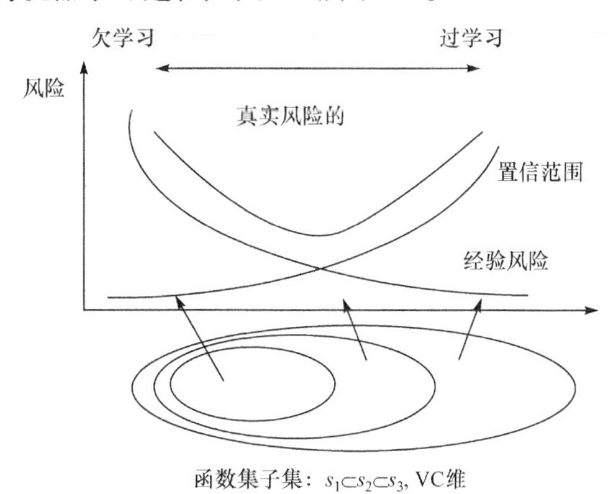

图 2.1　结构风险最小化示意图

SVM 可以利用图 2.2 的最优分类示意图进行说明。线性可分的样本集 $(x_i, y_i), i=1,2,\cdots,n, x\in \mathbf{R}^d, y\in\{+1,-1\}$，必须满足：

$$y_i[(w\cdot x_i)+b]-1\geqslant 0,\quad i=1,2,\cdots,n \tag{2.15}$$

式中，w 为平面上的法向量。

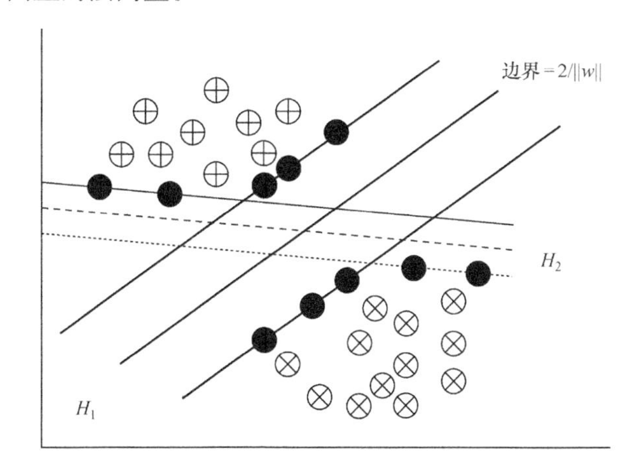

图 2.2　SVM 最优分类线示意图(H_1 和 H_2 表示不同类别)

在 n 维空间中，假定样本在一个半径为 R 的超球范围内，则满足条件 $\|w\| \leqslant A$ 的指示函数集 $f(w,x,b)=\mathrm{sgn}\{(w\cdot x)+b\}$,其中 sgn( ) 为 VC 维,需满足下列条件：

$$h \leqslant \min([R^2A^2],n)+1 \tag{2.16}$$

$$\sum_{i=1}^{n} y_i a_i = 0, \quad a_i \geqslant 0, i=1,2,\cdots,n \tag{2.17}$$

对 a 求解，得到下式函数的最大值：

$$Q(a)=\sum_{i=1}^{n} a_i - \frac{1}{2}\sum_{i,j=1}^{n} a_i a_j y_i y_j (x_i \cdot x_j) \tag{2.18}$$

式中，a_i 为与每个样本对应的拉格朗日乘子。求解其最优化问题可以得到最优分类函数，即

$$f(x)=\mathrm{sgn}\{(w\cdot x)+b\}=\mathrm{sgn}\left\{\sum_{i=1}^{n} a_i^* y_i (x_i \cdot x)+b^*\right\} \tag{2.19}$$

式中，b^* 表示常量，a_i^* 表示不同阶拉格朗日乘子。式(2.19)求和只是对支持向量进行操作，可以通过增加一个松弛变量 $\xi_i \geqslant 0$ 提高分类效果，即

$$y_i[(w\cdot x_i)+b]-1+\xi_i \geqslant 0, \quad i=1,2,\cdots,n \tag{2.20}$$

假设 C 为正常数，式(2.20)的广义最优分类面对偶问题，只是增加了一个约束条件，具体表示为

$$0 \leqslant a_i \leqslant C, \quad i=1,2,\cdots,n \tag{2.21}$$

$$Q(a)=\sum_{i=1}^{n} a_i - \frac{1}{2}\sum_{i,j=1}^{n} a_i a_j y_i y_j K(x_i,x_j) \tag{2.22}$$

式中，$K(x_i,x_j)$ 为核函数。所以，分类函数可表示为

$$f(x)=\mathrm{sgn}\left\{\sum_{i=1}^{n} a_i^* y_i K(x_i,x)+b^*\right\} \tag{2.23}$$

2.4.2　粒子群算法基本原理

粒子群算法起初是为了模拟鸟类优美动作而不可预知的运动。后来人们通过对动物的观察,知道群体中对信息共享有利于整个群体的演化并向好的方向发展,此为粒子群算法提出的基础。

粒子群算法就是将算法中的每个个体看成是一个在 D 维搜索空间中的任意一个没有特殊特征体积的粒子。在这个算法里面，用 $X_i=(x_{i1},x_{i2},\cdots,x_{iD})$ 来表示第 i 个粒子，我们将它所经历的最好位置用 $P=(p_{i1},p_{i2},\cdots,p_{iD})$ 定义，也称为 P_{best}。在这个粒子群体中所有粒子所经历的最好位置我们用符号 g 表示即 p_g,也称为 g_{best}。

用 $V_i = (v_{i1}, v_{i2}, \cdots, v_{iD})$ 来表示粒子 i 的速度。对于每一个粒子的每一代的第 d 维 $(1 \leqslant d \leqslant D)$ 可根据一定方法加以变化，具体为[171]

$$v_{id} = \omega v_{id} + c_1 \text{rand}()(p_{id} - x_{id}) + c_2 \text{Rand}()(p_{gd} - x_{id}) \tag{2.24}$$

$$p = p + v_{id} \tag{2.25}$$

其中，ω为惯性权重；c_1 和 c_2 为加速常数，一般取值为 0～2 的常数；p 为粒子当前位置；rand() 和 Rand() 为两个在[0, 1]范围内变化的随机函数。

2.4.3　分形理论

1. 分形理论基本概述

分形理论发展时间比较短，它作为复杂科学理论的一个重要组成部分，对人们的思维方式及研究方法产生了重要影响。诸多非线性、复杂的和传统工具无法进行描述的不规则问题，相关学者做出了诸多探索和研究，也取得了大量研究成果。分形理论的产生以及后期推广应用，取得了很多新成果，也使人们对大自然等诸多领域有了一个新的认识，充分体现了分形理论的模拟构造能力。

2. 迭代函数系和拼贴定理

分形插值方法具有迭代函数系（iterated function system，IFS）和拼贴定理两大基本性质，其中，IFS 可以保证吸引子的恒定性，以此来控制需要进行图像的变化方式；拼贴定理可以使得基于分形插值后的图像所属分形维数不变[172-174]。

定义 2.1　设 X 是几何空间 R 的一个子集，d 为 $X \times X$ 到 R 的函数，如果函数 d：$X \times X \to R$ 满足以下条件：

(1) 唯一性，当 $x=y$ 时，$d(x, y) = 0, x, y \in R$；

(2) 对称性，$d(x, y) = d(y, x), x, y \in R$；

(3) 三角不等式，$d(x, y) + d(y, z) \geqslant d(x, z), x, y, z \in R$。

那么，d 就是对 X 的度量，(x, y) 表示带度量 d 的一个度量空间。

定义 2.2　假定 $\{x_n\}$ 为几何空间 X 的点列，对任一 $\varepsilon > 0$ 会有一个自然数 N，当 $m, n > N$ 时，$|d(x_m, x_n)| < \varepsilon$，那么就称点列 $\{x_n\}$ 为一个柯西序列。

对于柯西序列具有以下两条重要性质：

(1) 对于存在于某度量空间内的柯西序列，它的极限值不一定在相同的度量空间内；

(2) 任何收敛序列必然是柯西序列，任何柯西序列必然是有界序列。

定理 2.1　如果 $\{x_n\}_{n=1}^{\infty}$ 是度量空间 (X, d) 的一个序列，它收敛于某个点 x，$x \in R$，那么 $\{x_n\}_{n=1}^{\infty}$ 就是一个柯西序列。

定义 2.3 如果度量空间 (X, d) 内的任一柯西序列 $\{x_n\}_{n=1}^{\infty}$ 都拥有一个极限值 $x(x \in R)$，那么这个度量空间 (X, d) 就具有完备性。

如果 (X,d) 是一个完备度量空间，则 X 中的任一元素 x 在函数 d: $X \times X \to R$ 中变更为 $x'(x' \in R)$。完备度量空间的任一子空间是完备的当且仅当它是一个闭子集。完备度量空间表明该空间中的元素都收敛于同一点，区别是收敛方式和收敛速度不同。

在这里，我们将全部包含集 A 的闭集的交集称为 A 的一个闭包，记作 $\overline{A}$；对于所有包含于 A 的开集的并集称为 A 的内部，记作 $\text{int}(A)$。也就是说 A 的闭包是包含 A 的最小闭集，A 的内部则是包含于 A 的最大开集，A 的边界我们记作 ∂A，定义如下：$\partial A = \overline{A} - \text{int}(A)$。

定义 2.4 若 (X,d) 度量空间中的集 $A, B(B \subset A \subset \overline{B})$，那么集 A 中每一个点都有一个点在集 B 中可以与其无限接近，称集 B 为集 A 的稠子集。

定义 2.5 若 (X,d) 度量空间中的集 A 为紧的，则假定任意覆盖 A 的开集类（即并集包含 A 集类），存在有限个开集仍然覆盖 A。

集 A 是紧的意味着在集 A 中任意一点的周围任意小的范围内总有其他一个点。

定义 2.6 假定度量空间 (X, d) 是完备的，集合 A, B 为 X 上的子集，那么集合 A 到集合 B 的距离 d 定义如下：

$$d(A,B) = \max\{d(x,B); x \in A\} \tag{2.26}$$

式中，$d(x,B)=\min\{d(x,y); y \in B\}$。

从定义 2.6 可以知道，此距离公式不满足交换律，也就是说 $d(A,B) \neq d(B,A)$。所以，定义 2.6 所定义的距离不能作为集合 A 和集合 B 之间的度量。

定义 2.7 假定度量空间 (X,d) 是完备的，集合 A, B 是度量空间 (X,d) 的子集，集合 A, B 之间的豪斯道夫距离记作 $h_d(A,B)$。则具体计算公式为

$$h_d(A,B) = \max\{d(A,B), d(B,A)\} \tag{2.27}$$

通过式 (2.27) 可以知道，这个距离公式满足交换律。

迭代函数是指函数重复与自身复合，该复合的过程叫迭代。集合 X 上的迭代函数形式为：设 X 是集合，函数 f 是 $X \to X$ 上的映射，定义函数 f 的 n 次迭代 f^n 记作 $f^n = fof^{n-1}$，其中 o 表示函数的复合，即 $(fog)(x) = f(g(x))$。

定义 2.8 若 $w_n: X \to X, n = 1,2,\cdots,N$ 为 (X,d) 度量空间定义上的一个有限压缩族，那么 $n = 1,2,\cdots,N$ 将会组成一组迭代函数系，记作 $X: w_n, n = 1,2,\cdots,N$。若 w_n 的压缩比为 $c_n, n = 1,2,\cdots,N$，那么 $c = \max\{c_n, n = 1,2,\cdots,N\}$ 就是此迭代函数系的压缩比。

定理 2.2 假设 (X,d) 度量空间是一个完备度量空间，w: $X \to X$ 为 X 上的一个

压缩映射，那么 W 拥有一个唯一的不动点 x_w，也就是 $W(x)=x_w$，并且对于任一 $x\in X$，序列 $\{W^n(x):n=1,2,\cdots\}$ 均收敛于 x_w。

定理 2.2 说明在完备度量空间当中的压缩族肯定存在不动点，定理 2.2 就是定理 2.1 的推广应用，它是分形图像仿射稳定性的理论依据和基础。

定理 2.3　如果 $X:w_n,n=1,2,\cdots,N$ 具有完备性的度量空间 (X,d) 上的迭代函数系，此压缩比为 c，那么变换 $W:F(X)\to F(X)$ 的定义为

$$W(B)=\bigcup_{n=1}^{N}w_n(B) \tag{2.28}$$

式中，$B\in F(X)$。所以称 W 为 $(F(X),d)$，压缩比为 c 的一个压缩映射，$d(W(B), W(B))\leqslant cd(B,C)$，$B$、$C\in F(X)$，唯一不动点 $A\in F(X)$，并且满足：

$$A=W(A)=\bigcup_{n=1}^{N}w_n(A) \tag{2.29}$$

而且对于任一 $A\in F(X)$，$A=\lim\limits_{n\to\infty}W^n(B)$。

定理 2.3 中的不动点或不动集（集或点 A）称为这个迭代函数系的吸引子，迭代函数系的吸引子一般都是分形，或具有分形的基本性质，称为确定性分形。

定理 2.4（拼贴定理）　假设具有完备性的度量空间 (X,d)，对某个压缩因子为 $s(0\leqslant 1)$，不动集为 A 的迭代函数系 $X:w_n,n=1,2,\cdots,N$，使得下式成立：

$$h_d(L,\overset{N}{\underset{n=1}{W_n}}(L))\leqslant\varepsilon\quad(L\in H(X)) \tag{2.30}$$

式中，h_d 为豪斯道夫距离度量，$H(X)$为映射，则对于迭代函数系 W 具有：

$$h_d(L,A)\leqslant(1-s)^{-1}h_d(L,\overset{N}{\underset{n=1}{W_n}}(L))\quad(L\in H(X)) \tag{2.31}$$

作为分形几何中的重要定理之一——拼贴定理，它说明了在分形几何中一个集合和与其对应的不变集的某种自相似程度。对于一个迭代函数系 $X:w_n,n=1,2,\cdots,N$，其吸引子 A 就近似等于某个给定的集合 L。若我们找到一组满足拼贴定理的某组压缩变换，那么给定的集合 L 便可以近似地用此组压缩变换的吸引子来进行替代。

3. 分形插值函数

一般的传统插值算法是将待拟合的数据绘制到纸上，再利用几何分析的方法来描述数据点位置与其相互关系，通过构造一个次数较低的多项式或初等函数构成的复合函数，来使得此复合函数在该数据点的区间内与这些待描述点最接近。

定义 2.9　若函数 f 为插值函数，那么它满足 $f(x_i)=F_i,i=1,2,\cdots,N$。其中 $\{(x_i,F_i)\in\mathbf{R}^2:i=1,2,\cdots,N\},x_1<x_2<x_3<\cdots<x_N$，而且 f 为连续函数 $f:[x_1,x_N]\to\mathbf{R}$。

定理 2.5 假定 $a \leqslant x_1 < x_2 < x_3 < \cdots < x_N \leqslant b$，那么满足插值条件的 N 次多项式 $f_N(x)$ 是唯一存在的。

由于构造的插值函数不同，传统插值方法可以分为多种方法，如多项式插值、样条插值、三次样条插值以及 B 样条插值等。比较常用的多项式插值又可以根据功能分为牛顿插值、拉格朗日插值等。通过定理 2.5 可以知道，对于相同数据，无论使用哪种插值方法得到的满足插值条件的多项式均为同一个多项式，只是表现形式可能有所不同而已。

一个平面数据集合 $\{(x_i, y_i) \in \mathbf{R}^2 : i = 1, 2, \cdots, N\}$ 可以通过构造一个 $\mathbf{R}^2$ 上的迭代函数系来使得它的吸引子恰为给定数据集合 $\{(x_i, y_i) \in \mathbf{R}^2 : i = 1, 2, \cdots, N\}$。

假定 $\mathbf{R}^2$ 上的数据集合 $\{(x_i, y_i) \in \mathbf{R}^2 : i = 1, 2, \cdots, N\}$，$f : [x_1, x_N] \to \mathbf{R}$ 是插值与该数据集合的一个连续函数，而且其在任一区间 $[x_{i-1}, x_i] (i = 1, 2, \cdots, N)$ 上的直线段，形式如下式所述：

$$f(x) = y_{i-1} + \frac{y_i - y_{i-1}}{x_i - x_{i-1}}(x - x_{i-1}) \tag{2.32}$$

式中，$x \in [x_{i-1}, x_i] (i = 1, 2, \cdots, N)$。

称这样的函数 $f(x)$ 为分段线性函数，如图 2.3 所示。将这些 $f(x)$ 变化为一个迭代函数系，再进行插值操作。将此函数序列在这些数据上进行迭代，那么函数序列 $\{f_{n+1}(x) = (f_n)(x)\}_{n=0}^{\infty}$ 将会收敛到某个不动点，此时就可以得到一个分形图像。

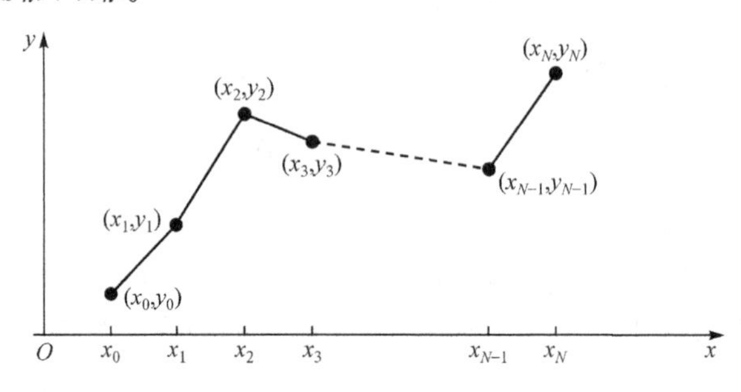

图 2.3 分段线性函数

通过分形函数进行插值与传统的拟合函数有着本质不同，传统的拟合函数是利用数据来获得函数，再得到与这些点距离最近的函数，通过这个函数来预测得到没有描绘出来的数据点；而分形插值函数是通过函数系来对未知点进行预测，通过此方法得到的点都具有随机性，使用不同函数系得到的新点位置也不同，但是具有相同压缩比的函数系，能够使得整个求解过程中的点与点的相对位置关系以及新加入的点之间位置不再平滑。通过此方法虽然无法预先估计出每个点的具体位置，但是它保证了通过分形插值函数得到的一系列点与上一级点的统计特性，继承了点间的剧烈程度，也就是任一段函数连线之间的分形维数是不会变化的。

从图 2.3 所述图形进行插值，可以得到一个分形曲线。它是 IFS$\{\mathbf{R}^2:W_1, W_2,\cdots,W_N\}$ 的吸引子 G，其中

$$W_n\begin{bmatrix}x\\y\end{bmatrix}=\begin{bmatrix}a_n & 0\\c_n & 1\end{bmatrix}\begin{bmatrix}x\\y\end{bmatrix}+\begin{bmatrix}e_n\\f_n\end{bmatrix},\ n=1,2,\cdots,N \tag{2.33}$$

令 $l=x_N-x_0$，可得

$$\begin{aligned}a_n&=\frac{1}{l}(x_n-x_{n-1})\\c_n&=\frac{1}{l}(y_n-y_{n-1})\\e_n&=\frac{1}{l}(x_Nx_{n-1}-x_0x_n)\\f_n&=\frac{1}{l}(x_Ny_{n-1}-x_0y_n)\end{aligned},\quad n=1,2,\cdots,N \tag{2.34}$$

此时，G 是 $\mathbf{R}^2$ 上的非空紧集，满足：

$$G=\bigcup_{n=1}^{N}W_n(G) \tag{2.35}$$

通过这个例子可以知道 IFS 可以作为插值变换，可分形插值不是普通数据插值，其插值得到的曲线必须是一个分形曲线。也就是说，插值曲线上任一段都必须是可微的曲线。通过分析的自相似性及 $\bigcup_{n=1}^{N}W_n$ 的任意迭代就可以满足这个要求。

假定函数序列 $\{f_{n+1}(x)=(Tf_n)(x)\}_{n=0}^{\infty}$ 收敛于映射 T 的一个不动点，那么图 2.4 就表明了分形插值的基本原理。图 2.4(a) 中的 A、B、C 是插值数据的三个点，若 $f_0(x)$ 为线段 AC 的函数，那么 $f_1(x)$ 得到的就是两个线段的分段插值函数，$f_2(x)$ 是图 2.4(b) 中廓线 $ADBEC$ 的四条线段，$f_3(x)$ 是图 2.4(c) 中轮廓线的八条线段，等等。此外 ΔADB 、ΔBEC 与原来 ΔABC 具有某类相似性，而且每次迭代后得到的一系列双倍三角形都与原三角形存在某种相似特性。折线 ABC 是两线段，它具有两个仿射变化 W_1 和 W_2 来分别映射线段 AB 和 BC，得到线段 $W_1(AB)=AD$、$W_2(AB)=DB$ 和 $W_2(BC)=EC$。假设 $W=W_1\cup W_2$，那么 $\lim\limits_{n\to\infty}W^n(ABC)$ 就是图中曲线的轮廓。

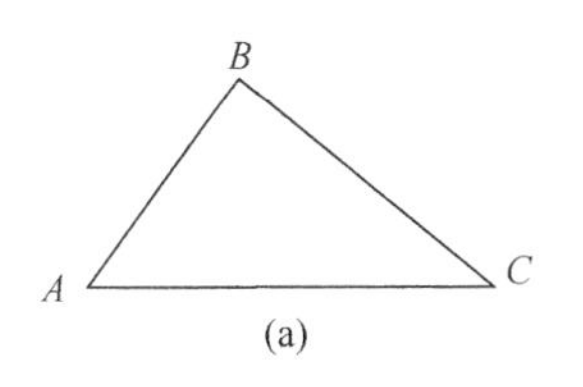

(a)

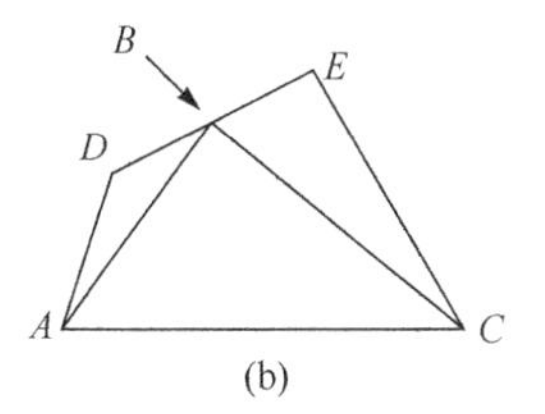

(b)

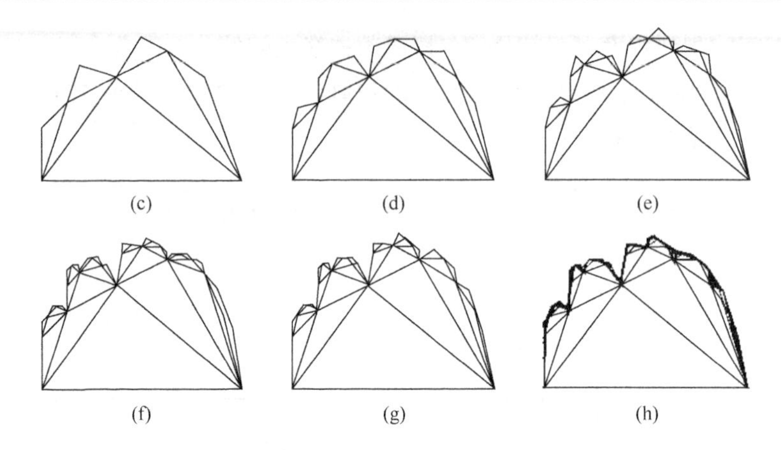

图 2.4　分形插值基本原理示意图

4. 分形插值方法

假设数据集$\{(x_i, y_i) \in \mathbf{R}^2 : i = 1, 2, \cdots, N\}$是给定的，在$\mathbf{R}^2$空间上构造一个 IFS，它的吸引子 G 是内插数据的连续函数$f:[x_1, x_N] \to \mathbf{R}$的图像。

因为IFS$\{\mathbf{R}^2 : W_n, n = 1, 2, \cdots, N\}$，其中 W_n 具有如下形式的仿真变换：

$$W_n \begin{bmatrix} x \\ y \end{bmatrix} = \begin{bmatrix} a_n & 0 \\ c_n & d_n \end{bmatrix} \begin{bmatrix} x \\ y \end{bmatrix} + \begin{bmatrix} e_n \\ f_n \end{bmatrix}, \quad n = 1, 2, \cdots, N \tag{2.36}$$

并且

$$W_n \begin{bmatrix} x_0 \\ y_0 \end{bmatrix} = \begin{bmatrix} x_{n-1} \\ y_{n-1} \end{bmatrix}, \quad W_n \begin{bmatrix} x_N \\ y_N \end{bmatrix} = \begin{bmatrix} x_n \\ y_n \end{bmatrix}, \quad n = 1, 2, \cdots, N \tag{2.37}$$

式(2.36)保证了各个区间函数的不交迭性。因此式(2.36)可表示为

$$\begin{aligned} a_n x_0 + e_n &= x_{n-1} \\ a_n x_N + e_n &= x_n \\ c_n x_0 + d_n y_0 + f_n &= y_{n-1}, \quad n = 1, 2, \cdots, N \\ c_n x_N + d_n y_N + f_n &= y_n \end{aligned} \tag{2.38}$$

式(2.38)中具有 5 个参数，但只有 4 个方程，这说明有一个自由参量。在实际定义的矩阵变换和伸长变换中，它把平行于 y 轴的线段映射到平行于 y 轴的另外一个线段，这两个线段的长度之比为 d_n，在这里将其称为变换 W_n 的垂直比例因子。所以可以选择 d_n 为自由参数。令 $d_n<1$ 来求解方程组(2.38)，同时令$L = x_N - x_0$，那么

$$
\begin{aligned}
a_n &= L^{-1}(x_n - x_{n-1}) \\
e_n &= L^{-1}(x_N x_{n-1} - x_0 x_n) \\
c_n &= L^{-1}[y_n - y_{n-1} - d_n(y_N - y_0)] \\
f_n &= L^{-1}[x_N y_{n-1} - x_0 y_n - d_n(x_N y_0 - x_0 y_N)]
\end{aligned} \tag{2.39}
$$

定理 2.6　假定 N 为大于 1 的正整数，$\mathbf{R}^2 : W_n, n=1,2,\cdots,N$ 为伴随数据集 $\{(x_n,y_n)\in\mathbf{R}^2 : n=1,2,\cdots,N\}$ 的 IFS，垂直比例因子 d_n 满足 $0 \leqslant d_n < 1, n=1,2,\cdots,N$，那么在 $\mathbf{R}^2$ 上等于 Euclid 的度量 d，使得 IFS 对应于 d 是压缩的，并且存在唯一一个非空紧集 $G \subset \mathbf{R}^2$，且有

$$
G = \bigcup_{n=1}^{N} W_n(G) = \{(x, f(x)) : x \in [x_0, x_N]\} \tag{2.40}
$$

式中，$f:[x_0,x_N]\to\mathbf{R}$ 是连续函数并且满足 $f(x_n)=y_n, n=0,1,2,\cdots,N$。

定义 2.10（双曲 IFS）　在一个带有数据集的迭代函数系 IFS$\{\mathbf{R}^2 : W_n, n=1, 2,\cdots,N\}$ 中，若对于任一集合 $A_0 \cup H(\mathbf{R}^2)$ 都导致在 Hausdorff 度量下收敛到 G 这样一个 Cauchy 序列 $\{A_n\}$，则称这样的 IFS 为双曲的。

定理 2.7　假定 N 为大于 1 的正整数，$\{\mathbf{R}^2 : W_n, n=1,2,\cdots,N\}$ 为伴随数据集 $\{(x_n,y_n)\in\mathbf{R}^2 : n=1,2,\cdots,N\}$ 的 IFS，垂直比例因子 d_n 满足 $0 \leqslant d_n < 1, n=1,2,\cdots,N$，其中

$$
W_n\begin{bmatrix} x \\ y \end{bmatrix} = \begin{bmatrix} a_n & 0 \\ c_n & d_n \end{bmatrix}\begin{bmatrix} x \\ y \end{bmatrix} + \begin{bmatrix} e_n \\ f_n \end{bmatrix}, \quad n=1,2,\cdots,N \tag{2.41}
$$

常数 a_n、c_n、e_n 以及 f_n 通过式(2.39)得出。令 G 为这个 IFS 的吸引子，也就是伴随于这组数据的分形插值函数的图像的特性信息。若

$$
\sum_{n=1}^{N} d_n, \quad n=1,2,\cdots,N \tag{2.42}
$$

同时插值点不共线，则 G 的分形维数满足：

$$
\sum_{n=1}^{N} d_n a_n^{D-1} = 1, \quad n=1,2,\cdots,N \tag{2.43}
$$

其中，D 为唯一实数解。否则 G 的分形维数 D 为 1。

2.4.4　镜像闭合

镜像闭合指的是在信号两端具有对称性的位置分别放置一面镜子，把镜子之间的信号向外映射，得到长度为 2 倍于镜内信号的周期性信号。把延拓后的信号首尾相连，形成一个闭合曲线，该信号不含端点且具有周期性。

根据镜像延拓法的对称特点，为充分减少镜像的副作用，应该把镜子放在信号极具对称性的极值点处，即根据信号左右两端曲线及相应极值(极大值或极小值)的分布特征，决定放置镜子的位置。例如，在从信号左端起向右的第 m 个极值处，和从信号右端起向左的第 n 个极值处分别放置两面平面镜，把镜内的信号向外进行映射，得到信号长度为两倍于镜内信号的周期性信号。我们只取其中一个周期进行研究，把它头尾相连，便形成一个环形的闭合曲线，经镜像闭合延拓后的信号不含端点(具有周期性)。

第 3 章　BEMD 插值算法和端部效应消除算法

BEMD 方法需要对离散数据插值估计，又称表面插值。针对插值算法，诸多学者提出了相应插值算法如径向基法、B 样条、立方插值等。这些插值方法尽管存在一定效果，但也存在不同程度的问题，如计算时间过长、插值精度较低等，尤为重要的是这些算法无法根据图像特征信息进行自适应插值。为此，本章将引入具有高度自适应特性的分形理论到图像插值当中，提出一种基于粒子群-布朗随机场的分形插值技术，实现最优化插值。

在 BEMD 方法中，需要通过二维插值法及极值点拟合成光滑曲面，信号内极值点较为容易提取，可端部极值点却需要通过一定手段获得，这是因为数据之外的信息为零，人为预测比较容易造成拟合误差。BEMD 筛分过程需要反复求取信号包络，端部极值的不确定会影响每次包络所存在的拟合误差，这种误差还会随分解的进行向内部污染，最后严重的甚至出现失真处理结果，也就是其产生了端部效应。BEMD 的端部效应问题还未得到相关学者的足够重视，出现的抑制方法也不是很多，主要有：镜像延拓方法、神经网络延拓方法等。可这些端部效应处理方法都不能满足以下要求：一是计算时间适中；二是保持端部的连续性；三是能够自适应图像特征信息。基于此，本书提出了基于优化支持向量机-镜像闭合的端部效应抑制新方法。3.1 节和 3.2 节主要分析本书提出的基于分形理论的 BEMD 插值算法和分形插值参数粒子群优化；3.3 节对改善插值方法的 BEMD 算法进行实例分析；3.4 节和 3.5 节分别介绍本书提出的混沌粒子群优化的自适应支持向量机回归模型和镜像闭合模型；3.6 节介绍本书提出的图像信号回归模型与外推延拓；3.7 节介绍本书提出的端部效应方法的计算步骤；3.8 节就本书提出的端部效应抑制方法进行实例分析。

3.1　基于分形理论的 BEMD 插值算法

3.1.1　一维布朗运动

布朗运动作为一种随机运动，是很多粒子与相邻粒子连续不断碰撞，使得粒子的运动方向不断变化，这个变化轨迹为一条不规则曲线。一维布朗运动可通过如下随机过程描述：对于任一 t_1 和 t_2，均有

$$L_H(t_1)-L_H(t_2),\text{ 符合高斯分布} \tag{3.1}$$

$$E(|L_H(t_2)-L_H(t_1)|^2)\propto|t_2-t_1| \tag{3.2}$$

式中，E 代表数学期望。

对于任一的 t_0 和 $\gamma>0$ ，$L(t_0+t)-L(t_0)$ 和 $\frac{1}{\sqrt{\gamma}}(L(t_0+\gamma t)-L(t_0))$ 具有相同的联合分布函数。也就是说，L 的增量在统计规律上具有自相似特性。

3.1.2　分形布朗函数

把式(3.2)调整为

$$\mathrm{Var}(L(t_2)-L(t_1))\propto\|\Delta t\|^{2H} \tag{3.3}$$

式中，$\|\Delta t\|$ 表示欧氏距离；Var 表示方程，$L(t)$ 表示一维分形布朗函数。H 从原来的 H=1/2 变为 $0<H<1$,它表示 $L(t)$ 的不规则程度,也表示振动剧烈程度不同。

分形布朗运动(fractal Brownian motion，FBM)是一般布朗运动的推广应用，它是一个连续的函数，假定 $t\in R^n$ ，$L(t)$ 是关于 t 的实值随机函数，存在常数 $H(0<H<1)$ ，使得函数

$$\Pr\left\{\frac{L_H(t+\Delta t)-L_H(t)}{\|\Delta t\|^H}<x\right\}=F(x) \tag{3.4}$$

若 $F(x)$ 与 Δt 、t 没有相关性，则 $L(t)$ 就可称作分形布朗运动。t 代表 R^n 空间的某个点，Δt 为该点的偏移量，$\|\Delta t\|$ 表示欧氏距离，$F(x)$ 表示高斯(Gauss)随机分布函数，$L_H(t)$ 定义：

$$D=E+1-H \tag{3.5}$$

式中，D 代表拓扑维数。

$L_H(t)$ 具有如下性质：

$$E[L_H(t+\Delta t)-L_H(t)]^2=E|L_H(t+1)-L_H(t)|^2\|\Delta t\|^{2H} \tag{3.6}$$

一般情况下，普通平面图形分形维数，可以通过下面公式求得：

$$D=3-H \tag{3.7}$$

H 表示分形自相似参数，具有以下特性。

(1) 当 $H=1/2$ 时，它为普通布朗运动。

(2) 当 $H=0$ 时，$D=N+1$ ，此时表示理想分形布朗运动。

(3) 当 $H=1$ 时，$D=N$ ，它为普通集合，可以用普通集合语言来描述。

(4) 当 $0<H<1$ 时，H 取值越小，$L(t)$ 振动程度就越剧烈，得到的图像变化就越复杂；H 取值越大，$L(t)$ 振动程度就越不剧烈，得到的图像变化就越简单。故 H 可以代表图像表面复杂程度或粗糙程度的一个定量指标。

若零均值高斯随机分布函数用$L(t)$代表，则其具体形式为

$$F(x)=2\int_{-\infty}^{0}\frac{1}{\sqrt{2\pi}\sigma}\exp\left(\frac{-s^2}{2\sigma^2}\right)\mathrm{d}s \tag{3.8}$$

根据式(3.4)可以知道

$$E\left|\frac{L(t+\Delta t)-L(t)}{\|\Delta t\|^H}\right|=E|x|=2\int_{0}^{+\infty}x\frac{1}{\sqrt{2\pi}\sigma}\exp\left(\frac{-x^2}{2\sigma^2}\right)\mathrm{d}x=\frac{2\sigma}{\sqrt{2\pi}}=C \tag{3.9}$$

于是，式(3.9)可表示为

$$\log E|L(t+\Delta t)-L(t)|-H\log\|\Delta t\|=\log C \tag{3.10}$$

因为H和C都是常数，所以通过式(3.10)，可以看出$\log E|L(t+\Delta t)-L(t)|$和$\log\|\Delta t\|$具有线性关系。若在直角坐标系中，则$(\log\|\Delta t\|,\log E|L(t+\Delta t)-L(t)|)$就代表一条直线的斜率，用$H$表示，故此坐标系也称作分形直角坐标系。这样就可以通过相关信息来拟合一条直线，从而得到H的值。

3.1.3　图像的分形特征

一般图像分形特征是利用 3.1.2 节的分形布朗函数方法来对具体图像进行分析，得到其分布函数以及分形维数，具体方法如下。

1. 分布函数

图像表面形状的特征描述之一就是其分布函数$F(x)$。在本书中，分布函数$F(x)$均是零均值的高斯分布函数$N(0,\sigma^2)$，故此分布函数具有的特性是由σ^2决定的。在这里可以通过式(3.9)及式(3.10)求得。

2. 分形维数

分形维数是对图像的分形特征的具体描述,在本书中是通过 3.1.2 节提出的分形布朗函数，对具体图形进行分析，得到图像的具体分形描述，故具体图像的分形维数可利用式(3.5)得到。被测物体的表面粗糙特性与图像的分形维数具有相关特性，当在同一个分布函数$F(x)$情况下，图像分形维数D越大，被测物体就越粗糙，反之亦然。

3.1.4　随机中点位移法

利用分形理论可以得到具体的随机中点位移法，它主要利用下面公式进行内差点(x_{mi},y_{mi})值表达，具体为

$$x_{mi}=(x_i+x_{i+1})/2+s\cdot w\cdot \mathrm{rand}() \tag{3.11}$$

$$y_{mi} = (y_i + y_{i+1}) / 2 + s \cdot w \cdot \text{rand}() \tag{3.12}$$

式中，x 为二维平面水平轴；y 为二维平面垂直轴；s，w 为控制参数，s 控制着 x 左右方向移动和 y 上下方向移动，w 是对 s 在 x 及 y 方向的实际移动距离进行控制；rand() 表示对移动的随机变量进行控制。

利用上述随机中点位移法基本原理可以知道，通过正态随机函数 stdev× $N(0,1)$ 来对随机变量 $s \cdot w \cdot \text{rand}()$ 进行表示，使得 $s \cdot \text{rand}()$ 符合正态分布。新区间的标准差演化规律可以通过参数 H 来进行记录，根据 Mandelbrot 理论，可以知道其相应维数为 $1+H$。

一维随机中点位移法的思路是：首先将已有端点属性线段中点作为两端点均值和任一随机位移量和，而后对位移后的两个线段重复上述中点细分，再对位移进行相应操作，如此重复，直到达到给定的分辨率要求，具体如 3.1 图所示，其二维化推广与一维相类似。

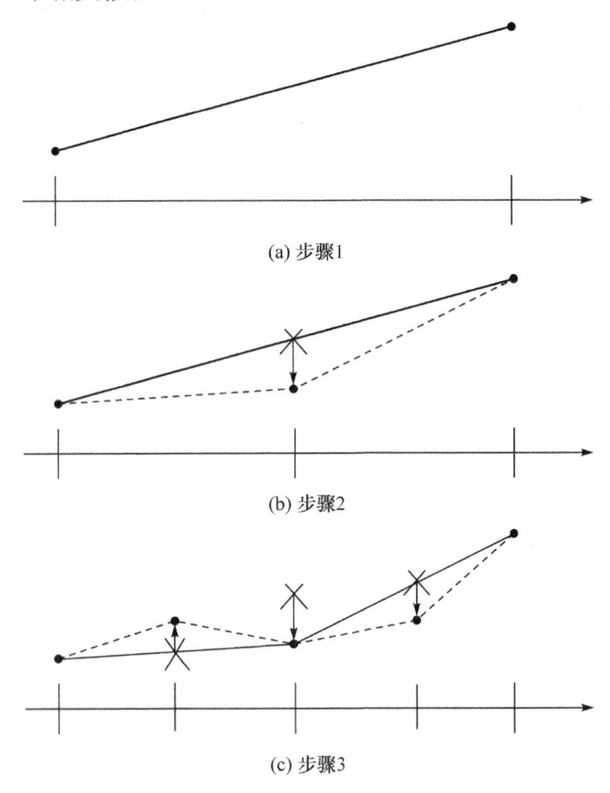

图 3.1　随机中点位移法示意图

3.1.5　基于分形理论的 BEMD 插值算法

基于分形理论的 BEMD 插值算法主要包括：一是图像特征量提取；二是图像

的 BEMD 分形插值计算。具体内容如下。

1. 图像特征量提取

图像特征量提取步骤如下。

(1) 计算图像当中值为 Δt 的空间距离的像素亮度差期望值，我们记作 $E\left|L_H(t+\Delta t)-L_H(t)\right|^2$。

(2) 确定尺度极限参数 $\left|\Delta t\right|_{\min}$ 及 $\left|\Delta t\right|_{\max}$。

若图像呈现的是理想状态的分形特征，则其分形维数为常数。可实际图像并不一定是完全理想分形，故需要确定一个尺度范围，以此来保证在此范围内的分形维数是一个常数。具体确定方法为：画出分形维数图，也就是 $\log E\left|L_H(t+\Delta t)-L_H(t)\right|^2$ 相对于 $\log\|\Delta t\|$ 的曲线，其中直线段的上下限分别为 $\left|\Delta t\right|_{\min}$ 及 $\left|\Delta t\right|_{\max}$。

(3) 对参数 H 和像素灰度正态分布标准差 σ 进行计算，根据式 (3.6) 可以得到如下关系：

$$\log E\left|L_H(t+\Delta t)-L_H(t)\right|^2-2H\log\|\Delta t\|=\log\sigma^2 \tag{3.13}$$

式中，$\sigma^2=E\left|L_H(t+1)-L_H(t)\right|^2$。$H$ 和 σ 可以通过求解上述方程得到。

2. BEMD 分形插值

本质上来说，此插值算法就是随机中点位移法递归实现的过程，具体如图 3.2 所示。对于点 (i,j)，假设 i,j 均为奇数时其灰度值 L_H 已经确定，则当 i,j 均为偶数时，可得

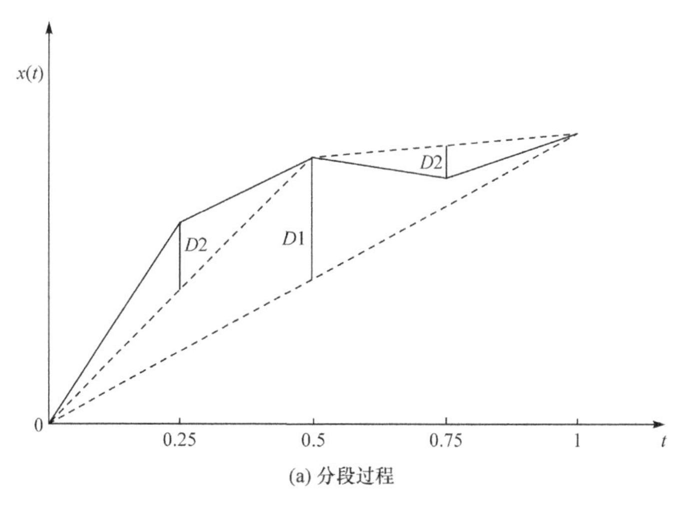

(a) 分段过程

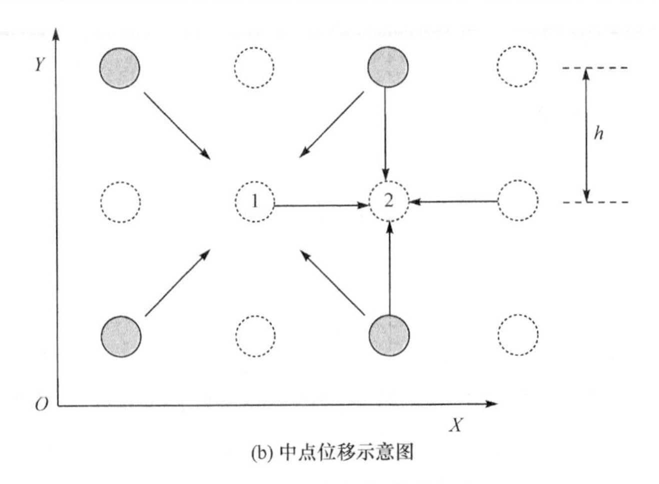

(b) 中点位移示意图

图 3.2　随机中点位移递归法

$$L_H(i,j)=\frac{1}{4}[L_H(i-1,j-1)+L_H(i+1,j-1)+L_H(i+1,j+1)+L_H(i-1,j+1)]+\sqrt{1-2^{2H-2}}\|\Delta t\|\cdot H\cdot\sigma\cdot G \tag{3.14}$$

而当 (i,j) 有且仅有一个偶数时有

$$L_H(i,j)=\frac{1}{4}[L_H(i,j-1)+L_H(i-1,j)+L_H(i+1,j)+L_H(i,j+1)]+2^{-H/2}\sqrt{1-2^{2H-2}}\|\Delta t\|\cdot H\cdot\sigma\cdot G \tag{3.15}$$

式中，G 表示服从 $N(0,1)$ 分布 Gauss 随机变量，$\|\Delta t\|$ 表示样本距离，故可以利用原图像特征描述信息的 H 和 σ 来共同作用得到插值点亮度。

在达到设定空间分辨率之前，不断重复上述步骤。其中每一次迭代过程中，需要插入的中点均为高斯随机变量，其期望值为四个相邻点的均值。点的偏移量可以通过能够描述图像特性信息的 H 和 σ 共同决定。当 $H=0$ 时，此点相对与其相邻四个点均值的偏移量需 σ 决定；而 $H=1$，方差为 0 时得到的相邻四个点均值相当于线性插值。σ 取值一定的情况下，H 越小，插值点随机性就会越大。具体插值原理如图 3.3 所示。

日常生产生活中被测图像具有极高的自相似特性，对图像进行分形插值，就是对这种自相似性进行逆反映，这也是分形插值方法能够得到较好效果的最重要原因。

3.1.6　BEMD 算法插值的具体实现过程

BEMD 算法插值可以通过上述原理及有关公式，再利用 MATLAB 编程加以实现，主要步骤有：

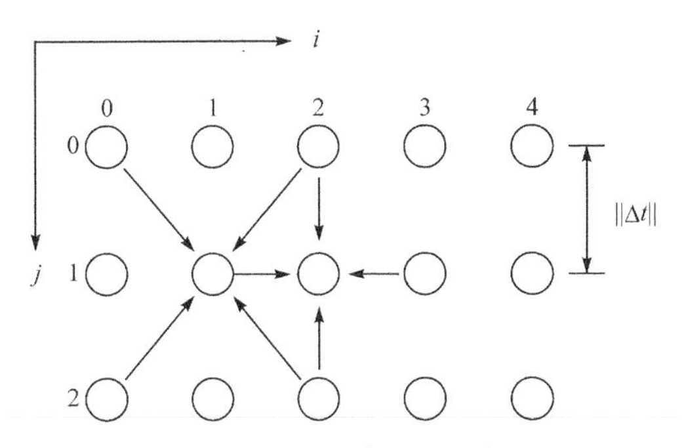

图 3.3　分形插值基本示意图

(1) 读入图片 I，使其转化为一个 $M \times M$ 的数据矩阵；

(2) 若 $I(i,j)$ 矩阵中的 i,j 均为偶数，则用式(3.14)进行插值计算；

(3) 若 $I(i,j)$ 有且仅有一个偶数，则可用式(3.15)进行插值计算；

(4) 对通过步骤(2)及步骤(3)得到的 $I(i,j)$ 矩阵进行数据取整操作；

(5) 将矩阵 $I(i,j)$ 转化为图片输出。

3.2　分形插值参数粒子群优化

为了进一步提高分形插值算法的计算效率，对于分形插值算法发生的垂直比例因子、初始化等参数进行粒子群优化操作，思路如下所示。

对于第 i 个粒子，可用 $X_i = (x_{i1}, x_{i2}, \cdots, x_{iD})$ 表示，其最好位置用 p_{best} 表示，具体用 $P_i = (p_{i1}, p_{i2}, \cdots, p_{iD})$ 表示。而整个群体当中的最好位置，即适应度最好的，用 g_{best} 来表示。用 $V_i = (v_{i1}, v_{i2}, \cdots, v_{iD})$ 来表示粒子 i 的速度。对于每一个粒子的每一代的第 d 维（$1 \leqslant d \leqslant D$）可根据一定方法加以变化，具体如下式：

$$v_{id} = \omega v_{id} + c_1 \text{rand}()(p_{id} - x_{id}) + c_2 \text{Rand}()(p_{gd} - x_{id}) \tag{3.16}$$

$$x_{id} = x_{id} + v_{id} \tag{3.17}$$

式中，ω 为惯性权重；c_1 和 c_2 为加速常数；rand()和Rand() 为两个在[0,1]范围内变化的随机函数。粒子群算法基本步骤如下。

(1) 种群初始化，假定粒子为 n 个，位置及速度分别用 x_i^0 及 v_i^0 来表示，并对迭代次数进行设定。

(2) 通过计算得到所有粒子在某个状态下的适应度，记作 p_i。

(3) 将通过步骤(2)中计算得到的适应度数值 p_i 与自身寻优得到的最优解 p_{best_i} 进行比较，若 $p_i < p_{\text{best}_i}$，则用新的适应度数值来代替前一个步骤得到的最优解，用新的粒子取代前一个阶段的粒子，也就是 $p_{\text{best}_i} = p_i$，$x_{\text{best}_i} = x_i$。

(4) 通过对比群体中每个粒子最优适应度数值 p_{best_i} 与所有粒子最优适应度数

值 g_{best_i}，若 $p_{\mathrm{best}_i} < g_{\mathrm{best}_i}$，则用此粒子的 p_{best_i} 取代所有粒子的 g_{best_i}，同时将这个粒子所在的位置和状态进行保存，即 $g_{\mathrm{best}_i} = p_{\mathrm{best}_i}$，$x_{\mathrm{best}_i} = x_{\mathrm{best}_i}$。

(5)经过步骤(1)～步骤(4)的计算，就可以得到新速度和位置，用来替换原来粒子相应数值，这样来产生新的粒子。

(6)若通过步骤(1)～步骤(5)操作并未达到设定优化条件，则重新返回步骤(2)进行操作，直到满足设定条件为止。具体优化计算流程如图 3.4 所示。

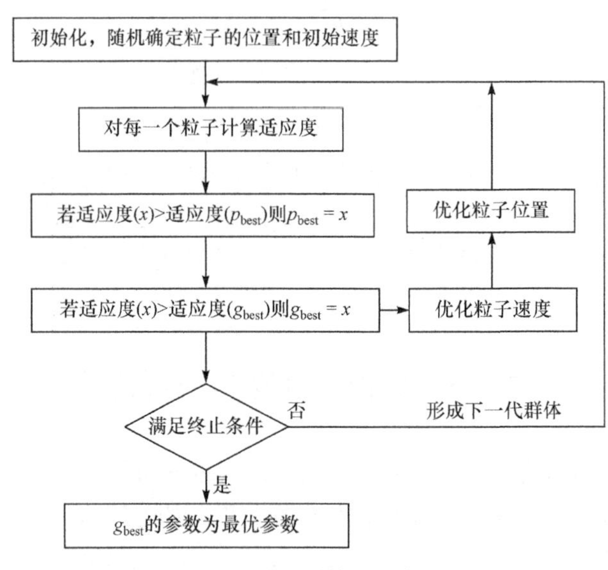

图 3.4 粒子群算法示意图

3.3 BEMD 算法分形粒子群插值实验分析

3.3.1 图像质量评价

图像处理的最终目的是得到更清晰的图像，改变视觉效果，因此对处理后的图像进行质量评价就显得尤为重要。迄今为止，业内对图像质量评价仍然通过主观和客观方式来实现，其中以客观评价为主。主观评价主要利用人的视觉来评价图像质量，而客观评价则通过峰值信噪比、均方差来对前后图像质量进行评判。下面将就这两类图像质量评价的基本特点及应用场景进行简要分析和说明。

1. 图像质量主观评价

图像质量主观评价方法类似于体育运动当中的游泳比赛，通过多名裁判共同打分，再根据规则确定比赛成绩，某些比赛还通过剔除最高、最低分来减少主观影响。图像质量主观评价的裁判可以是普通人员，也可以是受过专业训练的人员。

图像质量主观评价还是主观、定性内容更多，评价结果易受到评价人本身干扰更多，所得到的评价结果不能完全真实地反映图像本身的质量，故业内多不采用此方法进行评价。

2. 图像质量客观评价

客观评价则通过峰值信噪比、均方差来对前后图像质量进行评判，它所涉及的均方差及峰值信噪比具体含义如下式所示。

$$\mathrm{MSE}=\frac{\sum_{m=1}^{M}\sum_{n=1}^{N}[f'(m,n)-f(m,n)]^2}{M\times N} \tag{3.18}$$

$$\mathrm{PSNR}=10\times\lg\frac{G^2}{\mathrm{MSE}} \tag{3.19}$$

式中，$M\times N$ 为图像尺寸，$f(m,n)$ 和 $f'(m,n)$ 分别代表处理前图像和处理后图像，G 为图像最大灰度级。

通过上述分析可以知道，图像质量客观评价更能够反映被处理后的图像的质量，故本书将采用此方法对经过本书插值方法得到的图像质量进行评价，更加客观地对本书插值方法的性能及优势进行展现。

3.3.2　实验分析

为了对本书提出的图像插值算法在插值过程中所具有的优势进行验证，本实验选取图像标准测试库当中的 Lena 及 Couple 图像作为实验图像(图 3.5)。在实验过程中，首先将此两幅图像分别缩小到 1/2、1/4、1/8 以及 1/16，而后再分别利用本书插值算法(分形)、双三次、双非线性及最近邻点插值法对这些图像进行还原，得到的还原图如图 3.6～图 3.13 所示。同时计算得到这一过程的峰值信噪比如表 3.1 所示，均方差如表 3.2 所示，计算时间如表 3.3 所示。

(a) Lena

(b) Couple

图 3.5　Lena 及 Couple 实验图像

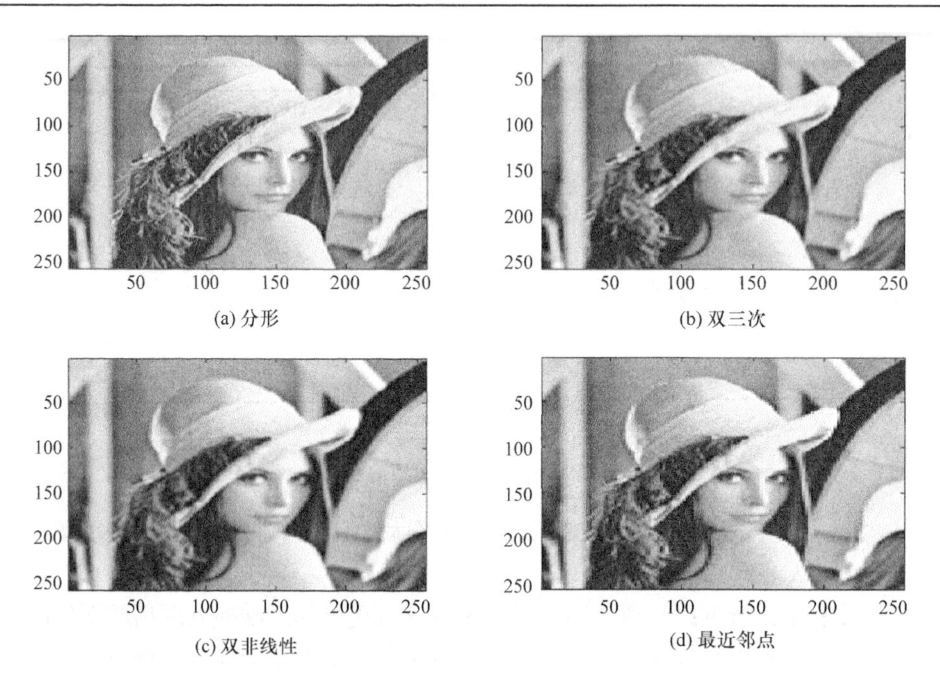

(a) 分形　(b) 双三次

(c) 双非线性　(d) 最近邻点

图 3.6　Lena 图像缩小到 1/2 后不同算法插值放大到原尺寸效果图

(a) 分形　(b) 双三次

(c) 双非线性　(d) 最近邻点

图 3.7　Lena 图像缩小到 1/4 后不同算法插值放大到原尺寸效果图

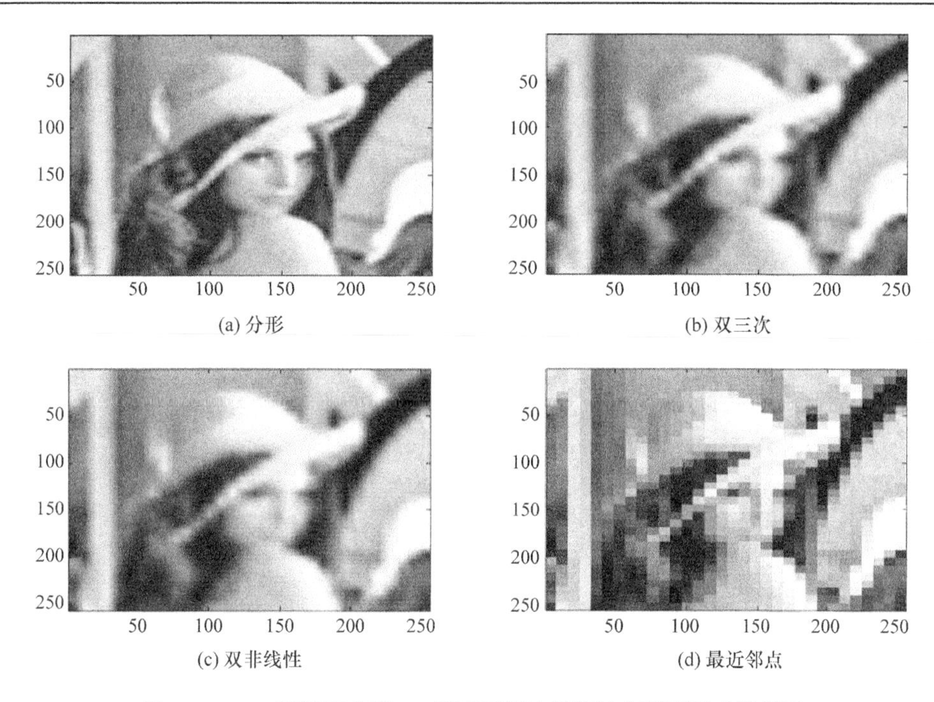

(a) 分形　(b) 双三次

(c) 双非线性　(d) 最近邻点

图 3.8　Lena 图像缩小到 1/8 后不同算法插值放大到原尺寸效果图

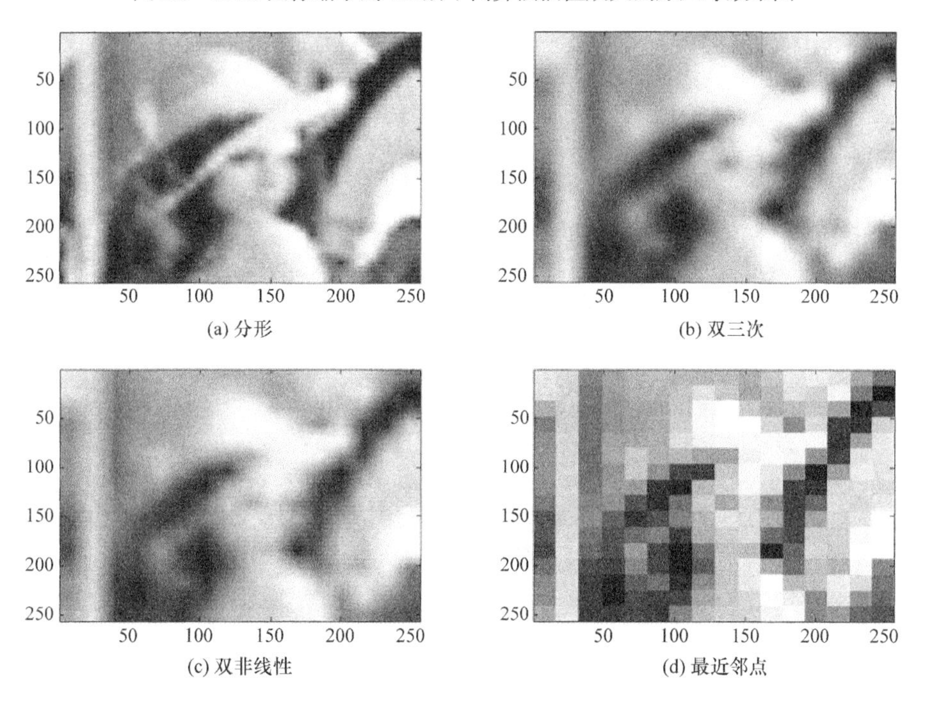

(a) 分形　(b) 双三次

(c) 双非线性　(d) 最近邻点

图 3.9　Lena 图像缩小到 1/16 后不同算法插值放大到原尺寸效果图

图 3.10 Couple 图像缩小到 1/2 后不同算法插值还原到原尺寸效果图

图 3.11 Couple 图像缩小到 1/4 后不同算法插值还原到原尺寸效果图

(a) 分形　(b) 双三次

(c) 双非线性　(d) 最近邻点

图 3.12　Couple 图像缩小到 1/8 后不同算法插值放大到原尺寸效果图

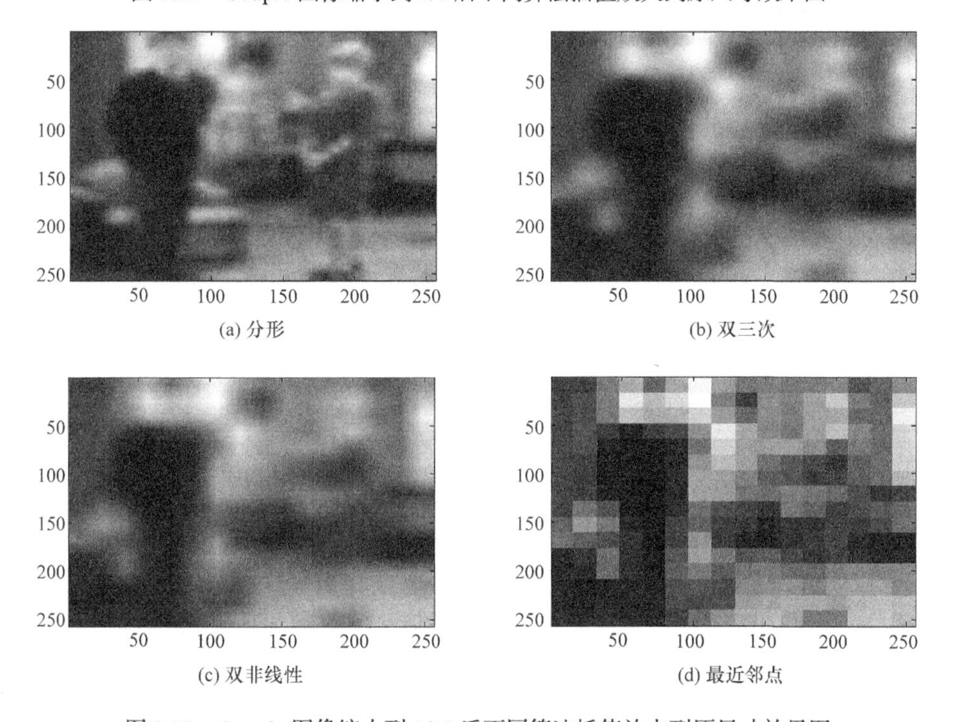

(a) 分形　(b) 双三次

(c) 双非线性　(d) 最近邻点

图 3.13　Couple 图像缩小到 1/16 后不同算法插值放大到原尺寸效果图

通过图 3.6～图 3.9 可以知道，Lena 图像在分别缩小到 1/2、1/4、1/8 及 1/16 后用不同插值算法放大到原尺寸过程中，本书提出的算法在 1/8 及 1/16 情况下，插值后的效果图明显优于其他三种算法的插值效果，尤其是在 1/16 情况下，本书插值算法得到的效果图还是比较清晰的，而其他三种算法得到的效果图已经比较模糊了，特别是最近邻点插值法得到的结果图已经分辨不出图像的人物信息了，可以看出本书算法的优势极为明显。在 1/2 和 1/4 情况下，本书算法也是具有优势的，只是主观视觉上还不能明显看出来，后面将通过峰值信噪比、均方差等指标进行详细分析。

通过图 3.10～图 3.13 可以知道，Couple 图像在分别缩小到 1/2、1/4、1/8 及 1/16 后用不同插值算法放大到原尺寸的过程中，本书提出的算法在 1/8 及 1/16 情况下，插值后的效果图也是明显优于其他三种算法的插值效果，尤其是在 1/16 情况下，本书提出的算法得到的插值效果图还是基本能够对原始图像的整体信息有一个大概反映，而其他三种算法得到的效果图已经基本不能够较为全面地对原始图像信息进行概括了，这就能看出本书提出的算法的极大优势。同样在 1/2 和 1/4 情况下，本书算法也是具有优势的，只是主观视觉上还不能明显看出来，后续将通过具体指标数据进行对比分析。

表 3.1　原始图像缩小后再利用不同算法放大到原尺寸的 PSNR 统计表　（单位：dB）

实验图像	放大倍数	本书算法	双三次算法	双非线性算法	最近邻点算法
Lena	2	31.79	30.08	28.91	28.26
	4	26.63	25.62	24.96	24.03
	8	22.26	22.23	21.77	21.13
	16	20.07	19.70	19.27	19.02
Couple	2	38.75	30.42	29.62	28.88
	4	26.67	26.65	26.14	25.53
	8	24.27	23.74	23.42	23.00
	16	22.37	21.78	21.56	21.24

表 3.2　原始图像缩小后再利用不同算法放大到原尺寸的 MSE 统计表

实验图像	放大倍数	本书算法	双三次算法	双非线性算法	最近邻点算法
Lena	2	43.03	63.91	83.61	97.07
	4	141.43	178.32	207.36	256.86
	8	386.57	387.16	432.36	501.53
	16	639.58	697.07	769.01	814.71
Couple	2	8.68	59.06	71.03	84.20
	4	139.97	140.60	158.07	181.98
	8	243.54	274.78	295.89	325.58
	16	377.13	431.43	453.70	488.33

表 3.3　原始图像缩小后再利用不同算法放大到原尺寸的计算时间统计表　(单位：s)

实验图像	放大倍数	本书算法	双三次算法	双非线性算法	最近邻点算法
Lena	2	0.16	0.19	0.18	0.17
	4	0.17	0.19	0.18	0.17
	8	0.18	0.21	0.19	0.19
	16	0.19	0.20	0.21	0.22
Couple	2	0.20	0.21	0.21	0.21
	4	0.22	0.22	0.23	0.23
	8	0.23	0.25	0.24	0.24
	16	0.26	0.27	0.28	0.27

通过表 3.1 可以知道，在图像缩小到 1/2、1/4、1/8 和 1/16 后再放大到原尺寸过程中，本书提出的插值算法进行图像放大还原处理后得到的图像的峰值信噪比是最高的，这也客观上表明了本书提出的插值算法所具有的优越特性，得到的插值效果也是最优的，尤其是在 1/8 和 1/16 情况下，其他三种插值算法已然出现比较模糊的情况下，本书提出的插值算法还原到原尺寸图像时不仅图像比较清晰，而且图像峰值信噪比也是几种插值算法当中最高的，也从侧面验证了还原的图像质量最高。

通过表 3.2 可以知道，在图像缩小到 1/2、1/4、1/8 和 1/16 后再放大到原尺寸过程中，本书提出算法的均方差最小，也反映了本书提出的插值方法最为稳定，效果也最为显著。通过表 3.3 可以知道，本书提出的插值算法较其他三种插值算法计算开销最小。从实验效果可以知道，本书提出的插值算法不仅可以对实施实时性提供保证，而且插值效果也最好，所以本书提出的插值算法性能是最为优越的。

3.4　混沌粒子群优化的自适应支持向量机回归模型

3.4.1　支持向量机回归模型

假设 $\{(x_1,y_1),\cdots,(x_i,y_i)\}$ 代表训练样本，$x_i\in\mathbf{R}^m$ 代表第 i 个样本输入值，表示为 m 维列向量，$y_i\in\mathbf{R}$，它代表相应的目标值。利用支持向量机当中的高维映射将其转换为线性问题，再构建回归模型。假定其回归函数表示为

$$f(x)=\{w,\varphi(x)\}+b \tag{3.20}$$

式中，{ }代表内积，w 表示函数的复杂度，b 表示常数。

利用结构化基本原理、函数复杂度及回归函数特点，可将上述回归函数转化为最小化代价泛函，具体如下：

$$\min \frac{1}{2}\|w\|^{1} + \frac{1}{2}C\sum_{i=1}^{l}\xi_i^2 \tag{3.21}$$

$$\text{s.t } y_i - w^{\mathrm{T}} \cdot \varphi(x_i) - b = \xi_i, i = 1,2,\cdots,l \tag{3.22}$$

式中，ξ 为松弛变量，$\xi \geqslant 0$；C 为惩罚参数，$C > 0$；φ 为内积函数。C 值大小是根据经验及模型复杂度情况的一种协调处理。对于式(3.21)的寻优问题，可以建立如下拉格朗日(Lagrange)函数：

$$L(w,b,\xi,\alpha) = \min \frac{1}{2}\|w\|^{1} + \frac{1}{2}C\sum_{i=1}^{l}\xi_i^2 + \sum_{i=1}^{l}\alpha_i\left[w^{\mathrm{T}} \cdot \varphi(x_i) + b + \xi_i - y_i\right] \tag{3.23}$$

式中，α_i 为 Lagrange 乘子。

利用 KKT 最优条件 $\frac{\partial L}{\partial w} = 0$, $\frac{\partial L}{\partial b} = 0$, $\frac{\partial L}{\partial \xi} = 0$, $\frac{\partial L}{\partial \alpha} = 0$，通过式(3.23)可以得到上述问题的约束条件为

$$w = \sum_{i=1}^{l}\alpha_i\varphi(x_i),\quad \sum_{i=1}^{l}\alpha_i = 0,\quad \alpha_i = C\xi_i$$

$$y_i - w^{\mathrm{T}} \cdot \varphi(x_i) - b - \xi_i = 0 \quad (i = 1, 2, \cdots, l)$$

由此获得如下线性方程组[170]：

$$\begin{bmatrix} 0 & e^{\mathrm{T}} \\ e & Q + \dfrac{I}{C} \end{bmatrix} \cdot \begin{bmatrix} b \\ \alpha \end{bmatrix} = \begin{bmatrix} 0 \\ y \end{bmatrix} \tag{3.24}$$

式中，$e = [1, 1, \cdots, 1]^{\mathrm{T}}$，$I$ 为单位矩阵，$\alpha = [\alpha_1, \alpha_2, \cdots, \alpha_l]^{\mathrm{T}}$，$Q = (x_i)^{\mathrm{T}}$，$\varphi(x_i) = K(x_i, x_j)$，$K(x_i, x_j)$ 为支持向量机的核函数，$i, j = 1, 2, \cdots, l$。通过式(3.24)可以对原支持向量优化问题转换为线性方程组问题，故其回归函数可用下式进行表示：

$$f(x) = \sum_{i=1}^{l}\alpha_i K(x, x_i) + b \tag{3.25}$$

式中，$K(x, x_i)$ 是满足 Mercer 条件的支持向量机核函数。

支持向量机算法的优势功能能否得到更好发挥，在某种程度取决于其内部参数是否被优化，例如，惩罚系数 C 选取、不敏感参数 ε 选择、松弛变量 ξ 选取以及核函数参数 σ 选取等。而支持向量机参数优化问题目前并未得到较好的系统地解决。与此同时支持向量机的性能优劣与模型的相关参数具有极大关联，为了更好地进行回归分析，必须对支持向量机进行优化，本书将利用具有良好优化特性的混沌-粒子群算法对具体参数进行优化操作，并在 3.4.2 节具体展开分析。

3.4.2　混沌优化

混沌特性存在于非线性系统当中，产生这种现象的主要原因是确定性规则引起的对初始条件存在的极大敏感性，并且没有固定敏感周期的行为。混沌并非指其一片混乱，它是有规则的“混乱”而已。而混沌特性本身是存在某种规律，并且其具有伪随机性特征，本书将利用这两个特性在不重复的状态下来遍历所有状态。

d 维空间的优化问题，本质上就是在此维度下寻找能够使目标函数取得最小值的点，所以这就需要利用 d 个彼此独立的混沌变量寻找到此空间中点的 d 个坐标分类。因为每个坐标分量都在[0, 1]中稠密，所以这样产生的点可以将 d 维单位超立方体稠密化[175]。

本书采用 Logistic 方程来构建混沌优化序列，即

$$x(t+1)=\mu x(t)(1-x(t)),\quad t=0,1,2,\cdots,n \tag{3.26}$$

式中，μ 为控制参数。

如果 $0<x(0)<1$、$\mu=4$，那么式(3.26)就完全处于混沌状态，$x(t)$ 所代表的轨迹就是混沌轨迹。由于这个混沌轨迹是在[0,1]之间遍历，故可以得到最优化混沌序列[176]。

3.4.3　支持向量机参数自适应混沌粒子群优化步骤

参数优化是一个极其复杂的问题，为了更好地说明本书提出的参数优化算法的优越性，下面将就本书提出的参数优化算法特性作以下解释说明。

(1) 本书通过利用混沌的伪随机性、自身规律性来对系统内的粒子位置及速度初始化，如此就利用了混沌理论的独特性提高群体的搜索能力和多样性，还具有了不改变粒子群算法初始化的随机特性要求。

(2) 为了更有效地解决局部搜索和全局搜索之间的矛盾，改进算法寻优能力使得收敛速度得到进一步提高，可利用混沌理论来对系统的惯性权重 ω 进行优化，从而使得粒子具备连续不间断的遍历搜索能力，故本书利用式(3.27)及式(3.28)对惯性权重 ω 进行混沌操作，再将其权值映射到 (α,β) 中。

$$\omega(i+1)=4.0\omega(i)\cdot(1-\omega(i)) \tag{3.27}$$

$$\omega(i)=\alpha+(\beta-\alpha)\cdot\omega(i) \tag{3.28}$$

式中，$i=1,2,\cdots,T_m$，T_m 代表系统最多迭代数；惯性权值取值范围为 $\alpha=0.4,\beta=0.9$。

(3) 为了避免随机取值所引起的计算效率较低这一缺陷，尝试将混沌引入随机常数 r_1，r_2 中，故 Logistic 映射更新为

$$r_i(t+1)=4.0r_i(t)\cdot(1-r_i(t)) \tag{3.29}$$

式中，$r_i(t) \in (0,1), i=1,2$。

(4)利用步骤(1)～步骤(3)可以得到群体中最好位置，并得到混沌序列，再将得到的混沌序列替换群体中某个粒子位置，而后通过混沌序列搜索算法得到迭代过程的局部最优的众多相邻点，这样就会降低粒子惰性，提高灵活性，以此来消除可能产生的局部极小点，实现快速优化。

基于上述描述，本书假定待寻优目标函数为

$$\begin{aligned}&\min f(x_1,x_2,\cdots,x_n)\\&\text{s.t. } a_i \leqslant x_i \leqslant b_i, \quad i=1,2,\cdots,n\end{aligned} \tag{3.30}$$

这样，自适应优化算法具体步骤如下。

(1)初始化。设定最多迭代数、适应度误差及学习因子。

(2)混沌初始化粒子位置和速度。

① 产生随机 n 维分量，取值在 0～1 之间，n 代表式(3.30)中的遍历数，可利用式(3.26)计算获得 N 个向量。

② 将步骤①得到的分量分别载入相应变量取值范围内。

③ 对粒子适应度进行计算，从群体中选择 M 个性能较好的粒子，将它们作为初始解，并产生初始速度。

(3)将步骤(1)～步骤(2)中计算得到的适应度数值 p_i 与自身寻优得到的最优解 p_{best_i} 进行对比，若 $p_i < p_{\text{best}_i}$，则用新的适应度数值来代替前一个步骤得到的最优解，以此取代前一个阶段粒子，即 $p_{\text{best}_i} = p_i$，$x_{\text{best}_i} = x_i$。

(4)对比群体中每个粒子最优适应度数值 p_{best_i} 与所有粒子最优适应度数值 g_{best_i}，若 $p_{\text{best}_i} < g_{\text{best}_i}$，则用此粒子的 p_{best_i} 取代所有粒子的 g_{best_i}，同时将这个粒子所在的位置和状态进行保存，即 $g_{\text{best}_i} = p_{\text{best}_i}$，$x_{\text{best}_i} = x_{\text{best}_i}$。

(5)根据式(3.16)和式(3.17)更新粒子位置和速度。

(6)对最优位置 $P_g = (p_{g1}, p_{g2}, \cdots, p_{gd})$ 进行混沌优化。

① 将 $P_{gi} = (1,2,\cdots,d)$ 映射到 Logistic 方程(3.29)的定义域[0,1]中：

$$z_i = (P_{gi} - a_i)/(b_i - a_i), \quad i=1,2,\cdots,d \tag{3.31}$$

② 利用 Logistic 方程获得混沌变量序列 $z_i^m, m=1,2,\cdots,d$。

③ 对步骤②得到的 $z_i^m (m=1,2,\cdots,d)$ 进行逆映射操作：

$$P_i^{(m)} = (P_1^{(m)}, P_2^{(m)}, \cdots, P_d^{(m)}), \quad m=1,2,\cdots,d \tag{3.32}$$

返回原解空间，可得

$$P_g^{(m)} = (P_{g1}^{(m)}, P_{g2}^{(m)}, \cdots, P_{gd}^{(m)}), \quad m=1,2,\cdots,d \tag{3.33}$$

(7)在原解空间中对混沌变量求解得到可行解 $P_g^{(m)}$，优化后获得适应度值，这样得到最优的可行解 p^*，将它替换掉任意其他粒子位置。

(8)通过步骤(1)～步骤(7)操作，若其满足设定的寻优条件，则停止搜索，给出最优解，并得到最佳位置；否则返回步骤(2)重复操作。

上述自适应混沌粒子群优化算法具有良好遍历特性，可以自适应得到算法最优解，跳出局部最优解这一缺陷，使得计算效率和优化效果得到保证。

3.5　端部镜像闭合延拓

由于图像信号较短，在图像分解过程中 BEMD 容易产生较为严重的端部效应。随着筛分过程的不断进行，这种影响变得越来越明显，使得分解得到的 BIMF 出现严重失真现象。所以，图像在进行 BEMD 分解之前必须进行一定预处理，从而使得分解过程的端部效应被抑制或消除。大量研究实例表明，端部镜像延拓可以获得更好的端部效应抑制效果。镜像延拓法的镜子若是放在图像信号中对称极值点处，就会使得镜像延拓法得到更佳效果。

在进行端部镜像延拓时，首先预测待处理图像左右和上下四个方向的部分曲线及极值，镜子的放置位置由曲线自身特性所决定。通过这样处理，得到的原图像信号将与这四面镜子延拓得到的图像信号共同组成一个封闭且连续的图像信号。由于原图像的上下包络曲面由数据自适应确定，可涵盖所有内部数据，也从理论上避免了 BEMD 分解过程极易出现的端部效应。

3.6　图像信号回归模型与外推延拓

利用本书提出的自适应支持向量机模型对图像信号进行延拓的基本步骤如下。

(1)将图像内部的四个方向数据 $x_1, \cdots, x_i$ 作为本书提出的自适应支持向量机模型的训练样本；分别进行正反两个方向的样本训练，每组样本均为 n 个点构成。

(2)根据步骤(1)的支持向量机训练过程，分别构建图像内部四个方向信号的正反向回归预测模型，模型中涉及的惩罚系数、松弛变量等参数可通过 3.4.3 节所述理论得到，核函数采用径向基核函数。

(3)通过步骤(1)～步骤(2)构建的自适应预测模型对原图像信号内的四个端点进行回归预测，得到相应预测点。以某个端点外推预测为例，其基本做法包括：

① 以 $x_{q-n+1},\cdots,x_q$ 为样本数据，外推计算得到 x_{q+1}；

② 将 x_{q+1} 代入支持回归模型中，以 $x_{q-n+2},\cdots,x_{q+1}$ 作为新的样本数据，外推计算得到 x_{q+2}；

③ 以此类推，获得欲外推长度范围内的所有延拓预测值。

至于其他端点的外推延拓，其做法与此完全一致。

3.7　自适应支持向量机-镜像闭合延拓的端部效应处理计算步骤

本书提出的抑制 BEMD 分解过程中端部效应算法，其本质就是先通过本书提出的回归模型对给定图像信号进行训练，得到符合给定图像特性的预测模型；再利用构建好的预测模型来对图像信号进行外推，以此获得各端点外的延拓数据；然后找到位于端点外的虚拟极值点，将得到的虚拟极值点作为镜像对称点，从而使得图像信号镜像延拓，并且得到闭合处理。它的计算过程要点如下。

(1)选取待分解图像信号的部分数据作为需要构建回归模型的训练样本，经过训练后得到图像信号四个方向的自适应支持向量机回归预测模型。

(2)应用所建立给定端点的回归模型作该端点的外推延拓，获得端点外的虚拟极值点。考虑到外推结果的可靠性随其离开端点距离的增大而快速恶化的可能性，一般只需将信号延拓到端点外一定距离处即可。

(3)在步骤(2)的图像信号延拓过程中，延拓停止条件就是预测点是否为局部极值点。如果预测得到了局部极值点，那么就停止预测；否则继续对图像信号进行预测，直至寻找到局部极值点。

(4)以该虚拟极值点作为位镜面位置，采用镜像延拓方法，将支持向量机外推数据与原始数据共同构成的信号作为待处理信号，延拓成一个闭合的数据序列。

通过步骤(1)～步骤(4)得到的图像信号将会被用于 BEMD 分解，这样处理后 BEMD 分解过程中就会抑制或消除可能发生的端部效应。

3.8　消除端部效应 BEMD 实例分析

为了证实本书所提出的自适应支持向量机-镜像延拓端部效应方法抑制 BEMD 算法分解过程中端部效应的有效性，这里以一个(256×256)灰度图(图 3.14)为例进行分析。

在讨论端部效应处理对 BEMD 分解效果的改善情况之前，不妨立足图 3.15 和图 3.16 所给实例就自适应支持向量机延拓结果的特点做简要分析。首先，对图 3.14 所给图像采用前面所述支持向量机方法获得信号的回归模型；然后，通过外推获得端部延拓结果。在水平方向上，分别以关于左右端点的回归模型为基础，沿图像两端各外推延拓 50 列，所得到的支持向量机延拓结果如图 3.15 所示。通过分析图 3.15 可以知道，外延后得到图像信号基本能够继承原图像的特征信息，比较有利于下一步图像处理工作的开展。

图 3.14 (256×256)灰度实例图像

图 3.15 原始图像左右各延拓 50 列后的扩展图像

左侧虚线左边为左延拓获得的图像，右侧虚线右边为右延拓获得的图像

类似地，利用图 3.15 所示左右延拓后获得的图像，进一步计算得到沿垂直方向上关于上下两个端部的支持向量机回归模型，再对它们进行外推，分别向上和向下各延拓 50 行，得到如图 3.16 所示的结果。可以看出，图 3.16 不仅较好地继承了原图像的特征信息，而且较好地展示了原图像可能蕴含的某些特征信息。值得注意的是，这些蕴含信息不一定是对真实场景的直观描述，而是与原始图像特征相互匹配的端部外虚拟场景描述。在图 3.15 或图 3.16 中，易于发现，延拓部分的图像关于原始图像端部保持着明显的对称性。不过，二者的这种对称性并不意味着它们的灰度分布也严格保持着关于端部的对称性。延拓图像在直观上保持的这种特有的对称性表明了支持向量机延拓对原始图像特征高度的继承性，以及这

种处理方法良好的自适应能力。

图 3.16　左右各延拓 50 列后的图像再上下延拓 50 行获得的图像
上面虚线上方为上延拓获得的图像，下面虚线下方为下延拓获得的图像

如果端部不作任何处理，则可以直接应用 BEMD 分解方法完成图 3.14 所示图像分解，得到不同分解层次对应的 BIMF 分量，如图 3.17 所示。图中图像四周

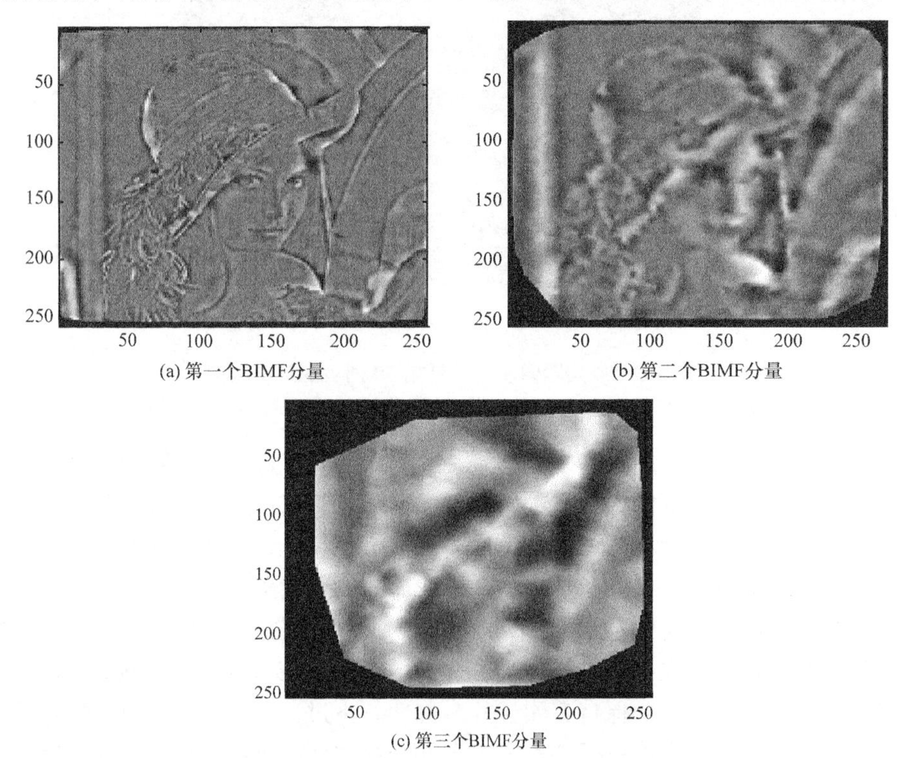

(a) 第一个BIMF分量　(b) 第二个BIMF分量

(c) 第三个BIMF分量

图 3.17　端部效应未抑制的 BEMD 分解得到的 BIMF 分量

的深黑色区域直观地显示了分解结果与实际图像之间的显著差异，同时间接度量了端部效应对不同分解层数据的显著影响范围。依据这个分解结果，可以得到重构图像，如图 3.18 所示，图中还给出了重构结果与原始信号之间所存在的残差分布情况。可以看出，若不进行端部处理，则分解结果会受到端部效应的影响，完整的原始图像形态不能在重构中得到较好的恢复。

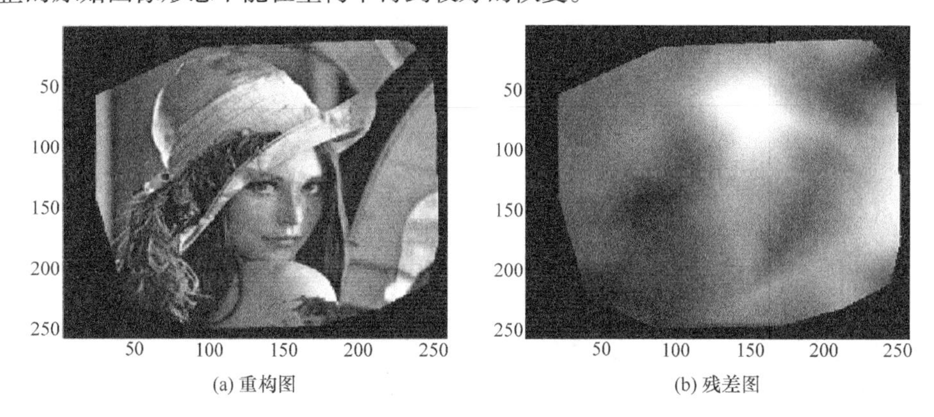

(a) 重构图　　(b) 残差图

图 3.18 端部效应未抑制的 BEMD 分解得到的残差及重构图

图像信号进行镜像法处理后再利用 BEMD 方法对图 3.14 的图像进行分解，得到结果如图 3.19 所示。与图 3.17 所示直接分解结果的对比可以发现，镜像延拓处理大幅度减小了端部效应的影响范围(图像周边的深黑色区域)。镜像延拓分解结果的重构如图 3.20 所示，图中同时给出了重构图像与原始图像之间的残差分布情况。重构结果也表明了镜像延拓法良好地抑制了信号分解时端部效应影响的能力。正如前面所述，由于镜子放置位置可能出现偏差，它只能在一定程度上消除端部效应的影响。无论是图 3.19 所示的 BIMF 分量，还是图 3.20 所示的重构结果，都证实了这一判断的正确性。

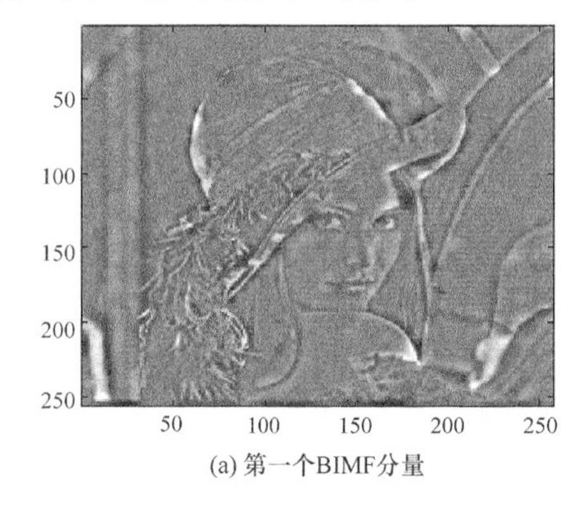

(a) 第一个BIMF分量

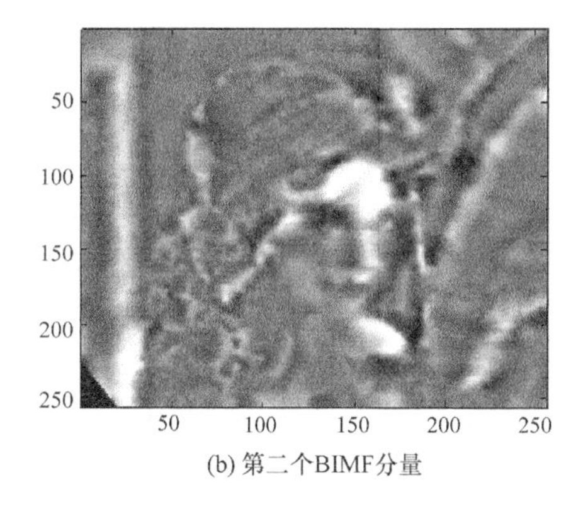

(b) 第二个BIMF分量

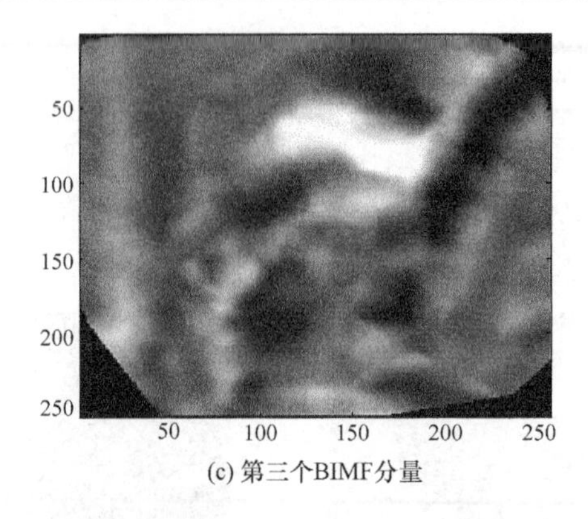

(c) 第三个BIMF分量

图 3.19　镜像延拓抑制端部效应后 BEMD 分解得到的 BIMF 分量

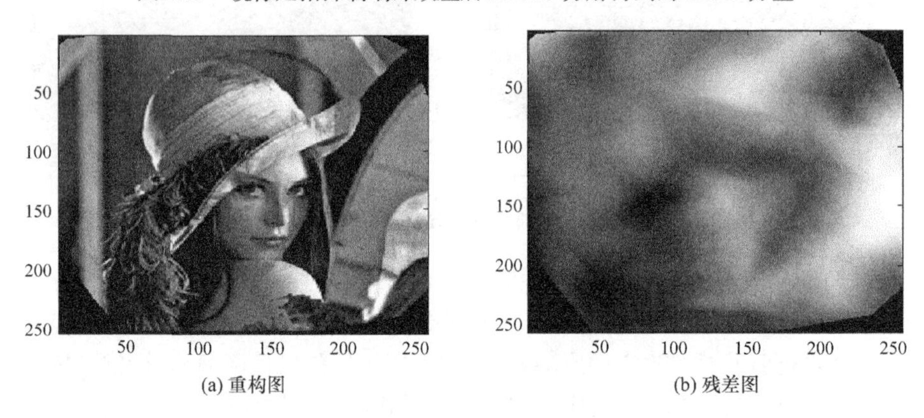

(a) 重构图　　(b) 残差图

图 3.20　镜像延拓抑制端部效应后 BEMD 分解得到的残差及重构图

自适应支持向量机-镜像延拓端部效应处理包含了两个步骤:基于支持向量机回归模型的外推延拓和在此基础上的镜像闭合。在外推延拓计算时，需要同时判断延拓结果是否为端部外的第一个虚拟极值点,并由此确定外推延拓的终止位置。本书采用了相邻像素点比较法来判定虚拟极值点，该方法简单可靠，但要求外推结果越过该极值点。一旦相关虚拟极值点得到确定，便可以其作为镜像对称点对信号实施镜像闭合处理，再利用分形粒子群插值方法分别对延拓后的信号极大值点和极小值点构造上下包络面。如果分解得到的信号满足给定的条件，则获得第一个 BIMF 分量。将原始图像减去这个 BIMF 分量后的图像作为新的原始数据，依照上述计算程序继续进行分解计算。通过不断重复此步骤，一直到剩余图像极值点小于 2 个，才终止 BEMD 分解过程。

对图 3.14 所示图像，利用本书提出的抑制端部效应 BEMD 方法进行分解，结果如图 3.21 所示。得到的所有 BIMF 分量个数与未经任何端部效应处理、经过镜像延拓端部效应处理得到的 BIMF 分量个数是相同的。不过，即使是最后一个层次的 BIMF 分量，如图 3.21(c)所示，也不像后二者(图 3.17(c)和图 3.19(c))在图像周边存在明显的深黑色区域，说明端部效应已基本得到消除。通过图 3.17～图 3.22 可以知道，较其他两种方法，本书提出的方法能够较为彻底地消除 BEMD 分解过程中的端部效应。这主要是因为本书方法中首先利用自适应支持向量机预测模型外延得到图像信号的极值点，然后利用镜像闭合方法来进行图像信号闭合处理，解决了镜像闭合处理中必须将镜面放置在极值点位置才能取得较好效果的问题。

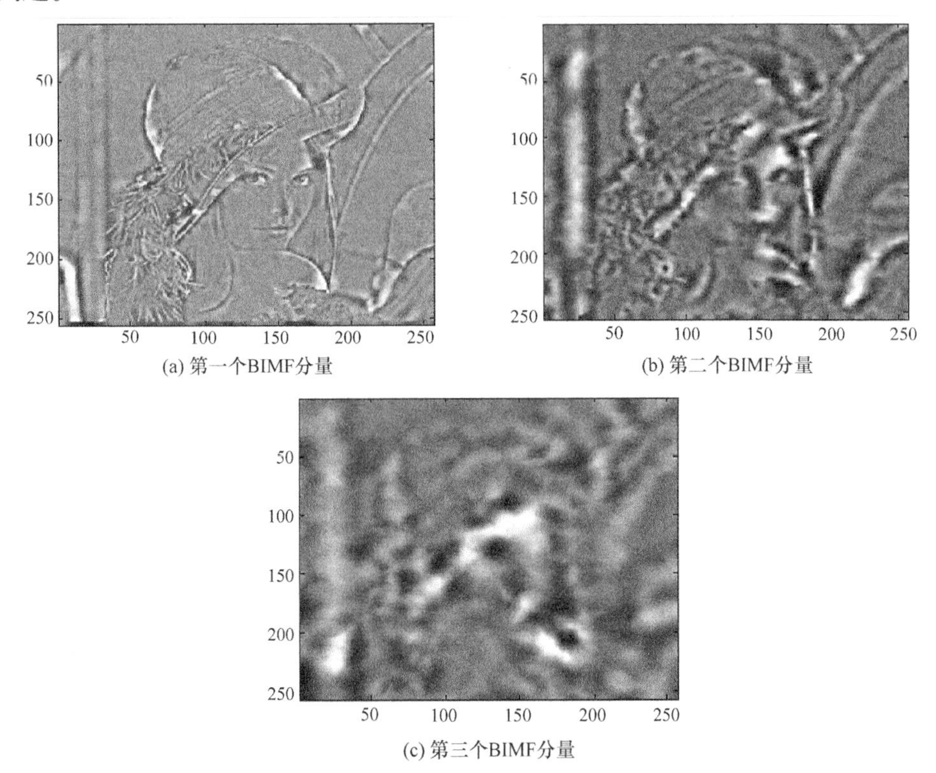

(a) 第一个BIMF分量

(b) 第二个BIMF分量

(c) 第三个BIMF分量

图 3.21　本书提出的抑制端部效应 BEMD 方法分解得到 BIMF 分量

将图 3.21 所示自适应支持向量机-镜像延拓端部效应处理的 BEMD 分解结果进行重构，可以获得与原始图像基本一致的全图图像(图 3.22(a))。重构结果与原始图像之间的残差(图 3.22(b))，与图 3.20(b)所给镜像延拓的结果具有类似的分布形式，但前者已完全消除了四个角点区域因端部效应所引起的图像严重畸变、残差过大的深黑色区域。这也更进一步验证了本书提出的方法在解决 BEMD 分解过程中端部效应问题的优越性。

通过上述三种图像分解方法对同一幅图像进行分解的实验过程中，可以得到以下结论。

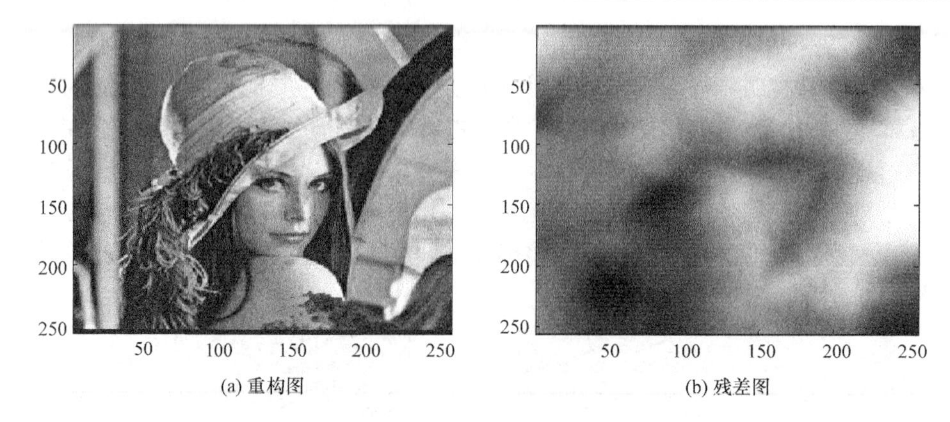

(a) 重构图　　(b) 残差图

图 3.22　本书提出方法分解得到的残差及重构图

(1) 通过图 3.17 和图 3.18 可以看出，未对图像信号进行任何处理就进行 BEMD 分解，会出现极为严重的端部效应。这种端部效应已经污染到信号内部，致使分解得到的 BIMF 分量丢失了图像本身的诸多信息，并影响到图像本身特征的分析结果。

(2)镜像延拓处理后的 BEMD 分解虽然在一定程度上抑制了端部效应的作用，但是端部效应仍然对分解结果产生了较为明显的影响，如图 3.19 和图 3.20 所示。此时，端部效应的出现主要源于镜像延拓时镜面位置未真实准确地位于极值点处，进而在分解过程中丢失了图像的部分信息。

(3)本书提出的端部效应抑制处理后进行 BEMD 分解，从得到的结果可以看出，基本避免了 BEMD 分解过程中易发生的端部效应问题，甚至从直观上看不出重构图像与原始信号图像之间的明显差异，如图 3.22 所示。一方面，通过自适应支持向量机拟合外推延拓能够取得图像区域外的虚拟极值点，用于满足镜像延拓镜面需要放置在适当位置的要求。另一方面，这种延拓处理能充分利用到原始图像端部的既有信息，使得 BEMD 分解产生的端部效应极小，分解得到的分量基本未丢失图像本身所蕴含的信息。

第 4 章　BEMD 停止条件和模式混叠消除算法

现有的针对 BEMD 分解的停止条件主要以借鉴 EMD 分解的停止条件为主，如 SD、简单终止准则和特定筛分次数法等。然而不同的 SD 取值可能会得到不同的 BIMF 分量组；简单终止准则会导致无法分解得到所有的 BIMF 分量；特定筛分次数法优点是避免了可能存在的长时间筛分循环，缺点是不能保证每次获得的 BIMF 分量都是彻底筛分且满足 BIMF 定义条件。鉴于此，本章首先对图像进行 BEMD 筛分过程中得到的包络曲面进行相应分析，并对分解过程中极值点的演化规律进行跟踪；而后对其物理状态演化进行分析；最后根据分析提出基于零值平面投影不重合极值点数的分解停止条件，解决算法可能丧失的自适应性问题，实现分解得到 BIMF 分量一致目的。

BEMD 过程中会产生模式混叠现象，但并未引起相关学者的重视，故相关研究成果也较少，例如，Wu 等提出了多维集合经验模式分解(multi-dimensional ensemble empirical mode decomposition)，来对 BEMD 过程中产生的模式混叠现象进行抑制，但其抑制效果不尽如人意。这是因为所提出的抑制理论本身并不具有自适应或自协调特性，换言之，就是抑制理论无法根据图像本身所具有的特征来进行消除，而只是根据自身理论去进行抑制，这也是效果不理想的主要原因。鉴于此，本书尝试通过添加对待分解信号具有自适应的高斯白噪声，解决 BEMD 算法存在的模式混叠问题。主要思想为：首先，将和待分解图像自适应的高斯白噪声添加到待处理信号当中；再进行 BEMD 分解，得到多个 BIMF 分量；最后，将得到的 BIMF 分量进行集合平均，并作为分解结果。

本章部分组织如下：4.1 节针对 BEMD 停止条件进行概述性介绍；4.2 节就 BEMD 过程中的极值点演化规律进行分析；4.3 节提出基于零值平面投影不重合极值点数的停止条件；4.4 节对提出的停止条件进行实例分析；4.5 节介绍本书提出的模式混叠抑制算法；4.6 节对提出的模式混叠抑制算法进行实例分析。

4.1　BEMD 停止条件问题概述

EMD 分解过程中的停止准则如式(2.3)所示。一般情况下，SD 值在 0.2～0.3 之间。经验表明，SD 取值不合适会导致过度分解和欠分解现象。

针对这一问题，Rilling 等提出利用两个阈值来确保局部段的过大波动和平均意义下的小变化的幅值比停止准则。具体如下。

定义幅度函数为

$$s(t)=\frac{e_{\max}(t)-e_{\min}(t)}{2} \tag{4.1}$$

评估函数为

$$\sigma(t)=\left|\frac{m(t)}{s(t)}\right| \tag{4.2}$$

式中，$m(t)$ 表示原始信号，$e_{\max}$ 和 $e_{\min}$ 分别表示原始信号上下包络线，那么其分解停止准则如下所示。

(1) $\sigma(t)<\theta_1$ 的时刻个数与所有时间之比必须大于等于 $1-\alpha$，即

$$\frac{\#\{t\in D \mid \sigma(t)<(\theta_1+\theta_2)\}}{\#\{t\in D\}}\geqslant 1-\alpha \tag{4.3}$$

式中，D 代表信号范围；$\#A$ 表示集合 A 所包含的元素数目；$\theta_2=10\theta_1$，一般情况下 $\theta_1=0.05$，$\theta_2=0.5$；$\alpha=0.05$。

(2)对于任一时间，均有：

$$\sigma(t)<\theta_1$$

通过上述分析可以知道，尽管 Rilling 准则可以确保包络均值在全局条件下趋于零这一条件，避免过度分解，但是这一准则本身没有说明这两个阈值确定的具体依据，也就可能出现阈值错误设定现象，而出现筛分过程不一致问题。

传统 BEMD 停止条件的选取主要还是借鉴 EMD 分解停止条件来确定，其方法主要有以下几种。

(1)传统 SD 停止条件。

通过一维 EMD 分解停止条件来确定 BEMD 分解的停止条件如下式所示：

$$\mathrm{SD}=\sum_{m=0}^{M}\sum_{n=0}^{N}\frac{\left|h_{k,l-1}(m,n)-h_{k,l}(m,n)\right|^2}{h_{k,l-1}^2(m,n)} \tag{4.4}$$

一般情况下 SD 值在 0.2～0.3 之间，可根据实际处理数据进行调整。SD 值需要通过多次实验寻找得到较好效果，可有时也寻找不到较优值。

(2)固定循环法。

为了在更少的时间内得到分解结果，有相关学者提出利用规定分解次数来终止分解。这种方法的优点是运行时间短，缺点是不能分解得到所有 BIMF。

4.2 BEMD 过程极值点演化规律

为了更好地找到合适的分解停止条件，本书首先对图像在 BEMD 筛分过程中

得到的包络曲面进行相应分析，在此基础上对分解过程中极值点的演化规律进行跟踪，而后对其物理状态演化进行分析，最终确定具有自适应特性的分解停止条件。

本书以 Lena 256×256 灰度图像作为分析对象，如图 4.1 所示。首先利用 BEMD 方法对这一图像进行分解，在分解过程中得到一个二维固有模态函数后就进行强制筛分，本书设定的筛分次数为 35。在分解得到固有模态函数过程中对所有均值曲面极值点数目和幅度最大值进行统计分析，具体结果如表 4.1 所示。

图 4.1　Lena 图

表 4.1　均值曲面极值点数目变化情况及幅度状态统计表

筛分次数	均值曲面		筛分次数	均值曲面	
	极值点数目	幅度最大值		极值点数目	幅度最大值
1	329	1	16	1003	0.068
2	498	0.31	17	1018	0.105
3	569	0.21	18	987	0.075
4	732	0.09	19	965	0.055
5	799	0.082	20	980	0.050
6	824	0.075	21	1029	0.065
7	830	0.070	22	1018	0.055
8	902	0.065	23	1002	0.06
9	938	0.083	24	967	0.065
10	910	0.065	25	986	0.055
11	903	0.074	26	932	0.05
12	988	0.087	27	918	0.045
13	904	0.088	28	949	0.055
14	908	0.086	29	936	0.05
15	972	0.063	30	957	0.055

将表 4.1 所示极值点数目和归一化处理后的幅度最大值分别作图，如图 4.2 所示。

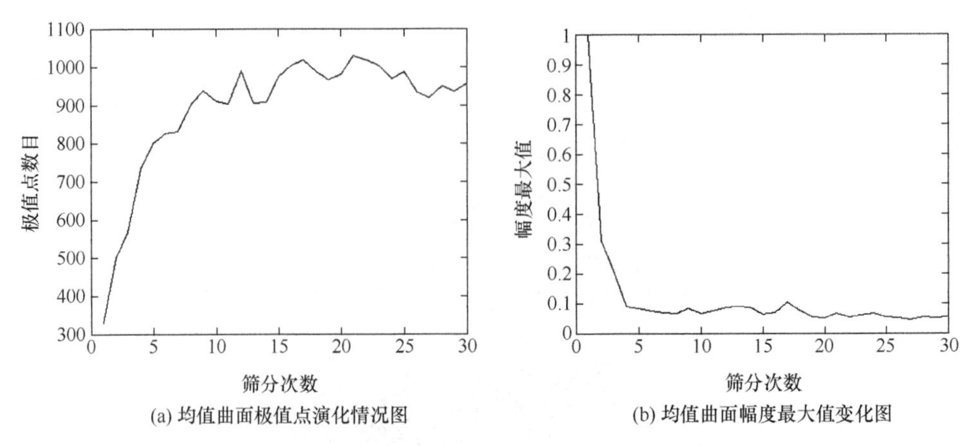

(a) 均值曲面极值点演化情况图　　(b) 均值曲面幅度最大值变化图

图 4.2　Lena 在 BEMD 分解中均值曲面极值点演化特性及最大幅值统计图

通过表 4.1 及图 4.2 可以知道，均值曲面经过四次筛分后，其幅值降低为不到原来幅值的十分之一。尽管在这之后，幅值也产生波动，但都不明显，趋于一个较为稳定的状态。从幅值上来讲，其经过六次筛分之后，基本趋于一个较为稳定的状态，也可以说这时候比较适合停止分解。将它与 BEMD 分解过程中仅仅利用传统 SD(SD 取 0.2)准则作为停止条件进行对比分析，可以知道，得到的结果是一致的。另一方面，经过六次筛分之后，极值点数目基本稳定在 900 个左右，虽然波动依然存在，但是一个较为稳定的上下波动。

均值曲面是由上下包络面确定之后的均值，故均值曲面的极值点演化情况本质上是由原图像信号的极值点决定的。若均值极值点处于一个较为稳定的状态，那么原图像信号也必然处于一个较为稳定状态。为此，在筛分过程中对原图像信号的极值点分布情况和剔除均值曲面之前的原图像信号的极值点分布情况进行对比,对于这些极值点,分别计算其在零值平面投影位置上所不重合的极值点个数。不重合的极值点个数越少，就证明这两者越相似或接近，也说明了其越来越趋于稳定状态，具体对比情况如表 4.2 所示。

表 4.2　BEMD 分解过程中曲面极值点演化情况表

分解次数	极值点总个数	$h_{k,l}(m,n)$ 曲面		分解次数	极值点总个数	$h_{k,l}(m,n)$ 曲面	
		与 $h_{k,l-1}(m,n)$ 不重合极大值点个数	与 $h_{k,l-1}(m,n)$ 不重合极小值点个数			与 $h_{k,l-1}(m,n)$ 不重合极大值点个数	与 $h_{k,l-1}(m,n)$ 不重合极小值点个数
1	6892	3286	3207	3	7012	961	954
2	6931	1205	1193	4	6932	618	603

续表

分解次数	极值点总个数	$h_{k,l}(m,n)$ 曲面		分解次数	极值点总个数	$h_{k,l}(m,n)$ 曲面	
		与 $h_{k,l-1}(m,n)$ 不重合极大值点个数	与 $h_{k,l-1}(m,n)$ 不重合极小值点个数			与 $h_{k,l-1}(m,n)$ 不重合极大值点个数	与 $h_{k,l-1}(m,n)$ 不重合极小值点个数
5	7012	496	487	18	7143	266	257
6	7039	382	376	19	7029	278	273
7	7102	368	355	20	6995	265	261
8	7093	353	346	21	7029	273	271
9	7013	321	323	22	7085	269	265
10	7105	279	268	23	7051	266	263
11	7086	285	276	24	7085	274	262
12	7159	267	264	25	7021	262	254
13	7150	272	276	26	6997	299	291
14	7069	261	253	27	7077	273	265
15	7162	269	259	28	7053	290	282
16	7207	232	226	29	7011	269	265
17	7126	252	254	30	7089	258	249

将表 4.2 中的不重合极大值点数目与不重合极小值点数目分别作图，如图 4.3 所示。

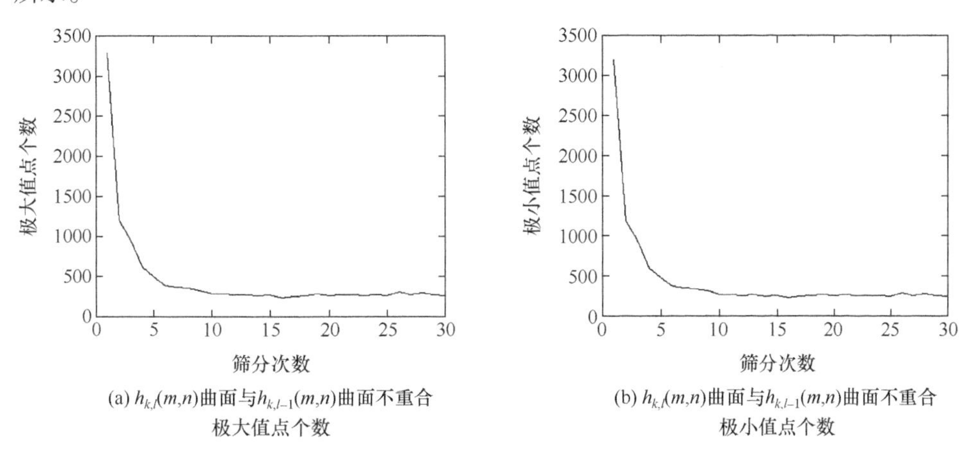

(a) $h_{k,l}(m,n)$曲面与$h_{k,l-1}(m,n)$曲面不重合极大值点个数

(b) $h_{k,l}(m,n)$曲面与$h_{k,l-1}(m,n)$曲面不重合极小值点个数

图 4.3　Lena 图像经过筛分之后两个曲面在零值平面投影不重合极值点数目对比图

通过表 4.2 及图 4.3 可以知道，在经过几次筛分之后，$h_{k,l-1}(m,n)$ 和 $h_{k,l}(m,n)$ 不重合的极值点数目下降幅度也变得较为稳定，尤其是在第 8 次筛分后，就出现了一个较为平稳的状况，此时不重合极值点数也呈现一个较为稳定的状态。如果再

继续进行分解操作，也不会对图像特征信息提取产生明显影响，故无须继续进行筛分操作。与此同时，经过 9 次筛分后，所得的第一个固有模态函数比传统 SD 筛分得到的第一个固有模态函数的图像特征信息在空间上更稳定，也就是说其更能反映图像在不同频带上的特征信息。鉴于此，本书提出了一个更为合理的停止条件，那就是通过不断筛分得到曲面空间位置信息来判断筛分停止条件，这样就更具有自适应特性。

4.3 基于零值平面投影不重合极值点数的 BEMD 停止条件

随着 BEMD 分解过程的深入，其筛分得到的残差就越趋于一个较为稳定的状态。根据 BEMD 分解过程的这一特性，本书提出了先分别计算每次剔除均值曲面后所得到剩余曲面 $h_{k,l}(m,n)$ 与上一次得到的剩余曲面 $h_{k,l-1}(m,n)$ 在零值平面投影位置上极值点不重合数，再将这两个具体数目进行求和得到总极值点数(用 T_k 表示)的方法。类似地，下一次筛分也会得到相应的总极值点数，用 T_{k+1} 表示。而用 Δ_{k+1} 来表示这两次筛分得到的总的极值点数目之差，具体计算表达式为

$$\Delta_{k+1} = T_{k+1} - T_k \tag{4.5}$$

式中，$k \geqslant 2$。于是，筛分 n 次之后不重合极值点变化平均速度，记为 $\overline{V}$，即

$$\overline{V} = \frac{\sum_{i=2}^{n-1} \Delta_{k+1}}{n-2} \tag{4.6}$$

式中，$n \geqslant 3$。比较 $\overline{V}$ 和 Δ_n，即

$$\Delta_n \leqslant b\overline{V} \tag{4.7}$$

式(4.7)是设定的分解停止条件。其中，b 为常数，根据多次相关试验结果分析，可以得到，b 取值在 0.09～0.32 之间比较合理，同时可以达到较好地分解效果。通过本停止条件筛分得到的 BIMF 较其他条件得到的 BIMF 更能反映待分析图像的特征信息、边缘信息和细节信息。与此同时，为了进一步证明本书提出停止条件的合理性、自适应性，将在 4.4 节进行实证分析和说明。

4.4 停止条件实例分析

4.4.1 实验一

本实验选择经典 Lena 灰度图像，分别采用本书提出的停止条件和传统的 SD 停止条件(SD<0.3)进行分解，得到的结果如图 4.4 和图 4.5 所示。

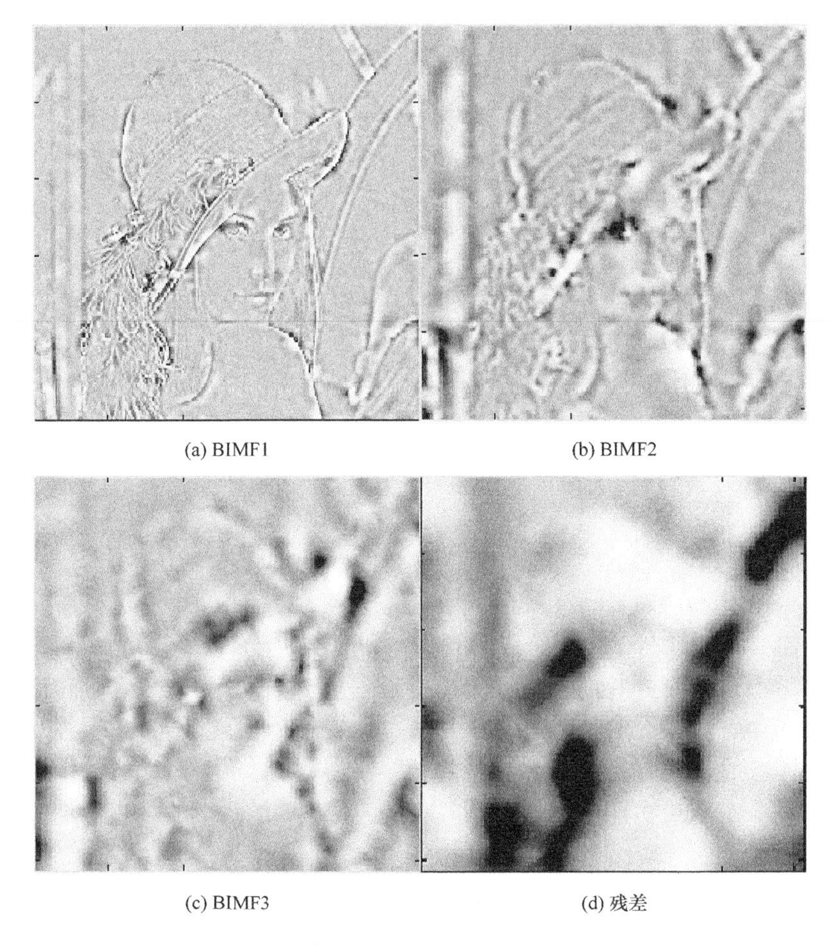

(a) BIMF1 (b) BIMF2

(c) BIMF3 (d) 残差

图 4.4 本书提出的停止条件进行 BEMD 分解得到的 BIMF 分量及残差

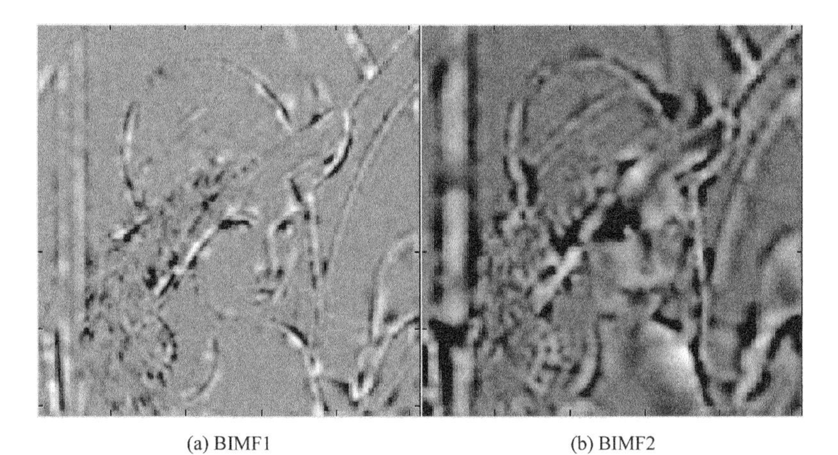

(a) BIMF1 (b) BIMF2

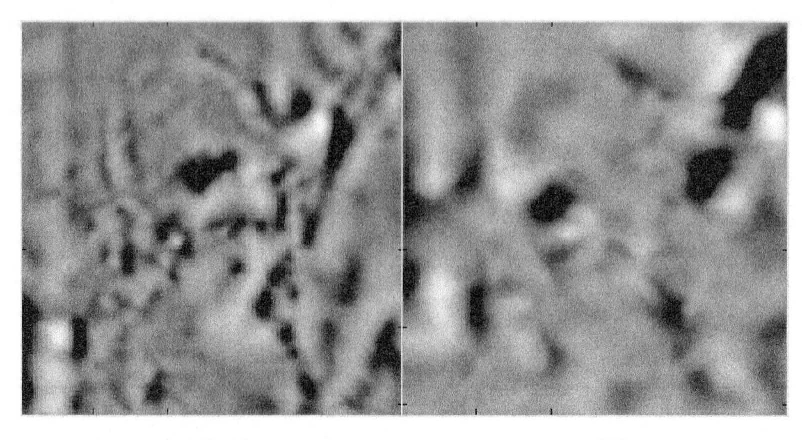

(c) BIMF3　　　　(d) 残差

图 4.5　传统 SD 停止条件进行 BEMD 分解得到的 BIMF 分量及残差

通过分析图 4.4 及图 4.5 可以知道，对于第一个 BIMF 分量(BIMF1)，本书方法分解得到的较传统 SD 停止条件分解得到的亮度特征更为明显，而且更为均匀；对于第二个 BIMF 分量(BIMF2)，本书方法分解得到的较传统 SD 停止条件分解得到的肩部和脸部整体轮廓要更为清楚，而且传统 SD 停止条件分解得到的分量定位准确度也相对较差；对于第三个 BIMF 分量(BIMF3)，本书方法分解得到的较传统 SD 停止条件分解得到的整体轮廓要更为完整；对于残差，本书方法分解得到的较传统 SD 停止条件分解得到的更能反映原 Lena 图像的左暗右明的一个整体特性和趋势。

4.4.2　实验二

为了进一步验证本书提出停止条件的自适应性和有效性，选择经典 Cameraman 灰度图像，分别采用本书停止条件和传统的 SD 停止条件(SD<0.3)进行分解，得到的结果如图 4.6 和图 4.7 所示。

(a) BIMF1　　　　(b) BIMF2

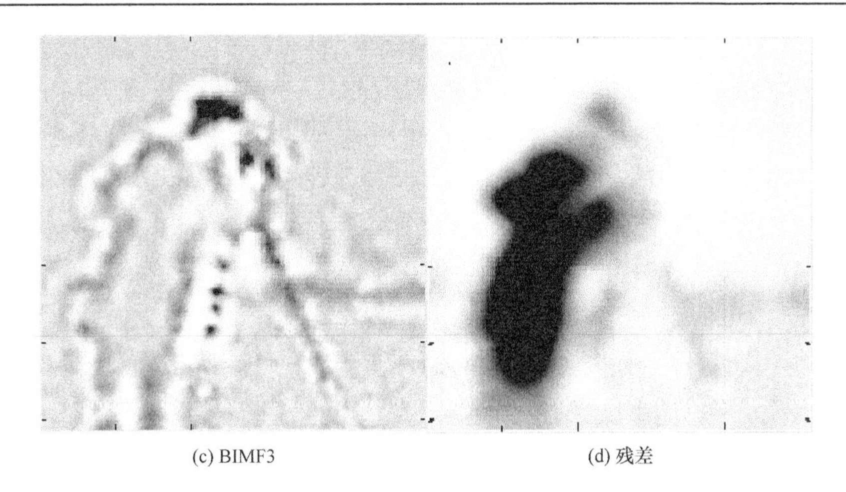

(c) BIMF3　　(d) 残差

图 4.6　本书提出停止条件进行 BEMD 分解得到的 BIMF 分量及残差

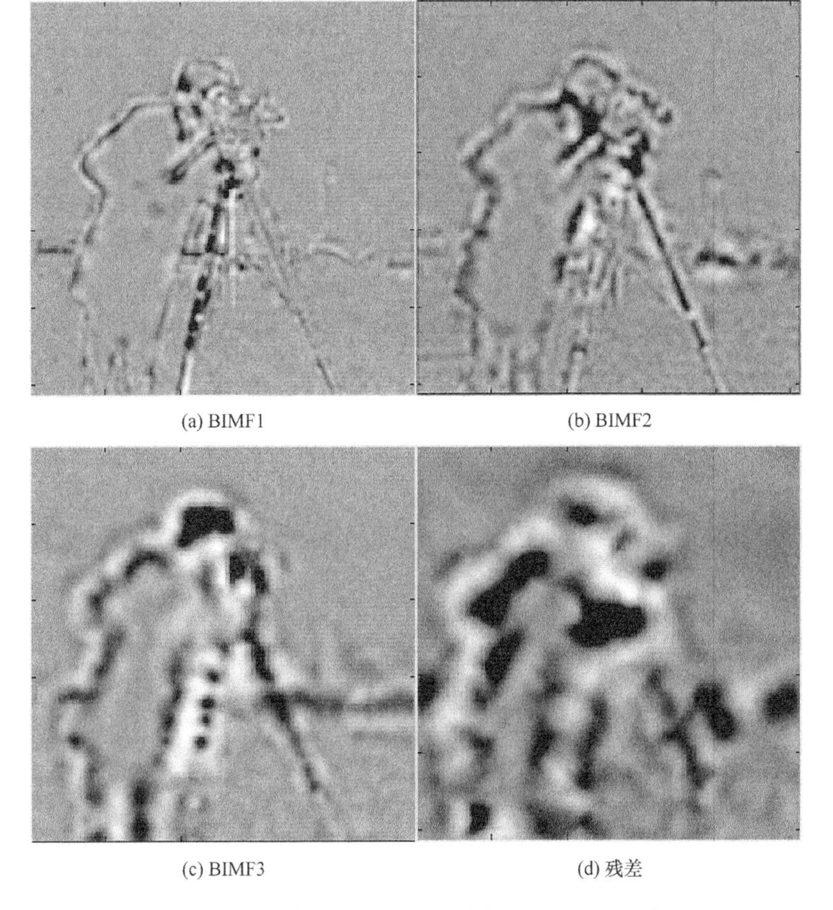

(a) BIMF1　　(b) BIMF2

(c) BIMF3　　(d) 残差

图 4.7　传统 SD 停止条件进行 BEMD 分解得到的 BIMF 分量及残差

通过分析图 4.6 和图 4.7 可以知道，对于第一个 BIMF 分量，本书方法分解得到的较传统 SD 停止条件分解得到的特征信息更为清晰，尤其是人及相机处等，而且特征信息更为均匀；对于第二个 BIMF 分量，本书方法分解得到的较传统 SD 停止条件分解得到的在人的脸部、建筑物等特征处的整体轮廓更加清晰和丰富；对于第三个 BIMF 分量，本书方法分解得到的较传统 SD 停止条件分解得到的整体特征信息所被涵盖的轮廓更加清晰和完整；对于残差，本书方法分解得到的较传统 SD 停止条件分解得到的更能反映原 Cameraman 图像整体明暗特征和趋势信息。

4.5 基于自适应噪声辅助的抑制 BEMD 模式混叠方法

4.5.1 BEMD 模式混叠问题概述

EMD 的模式混叠现象被 Huang 等在 1998 年首次提出，并给出了定义。引起模式混叠的主要原因就是间歇性成分，为了解决这一问题，Huang 等提出了间歇性测试技术，它在一定程度上抑制了模式混叠现象，但并未彻底解决。正是在这种情况下，很多学者尝试利用间歇性成分这一特性来解决模式混叠问题，2005 年 Wu 等首次利用添加白噪声来解决这一问题，被称为集合经验模式分解方法。但由于此方法涉及的参数，仍然需要人为设置，效果也不是十分令人满意。与一维 EMD 相类似，BEMD 也存在模式混叠现象。Wu 等又于 2009 年提出了多维集合经验模式分解方法来解决这一问题，但其效果不尽如人意，仍然需要我们去进行深入分析和研究。

针对这一问题，本节将在不引入间断测试的情况下，尝试利用自适应噪声辅助数据分析方法来解决模式混叠问题。这种利用添加自适应二维噪声信号来抑制模式混叠问题的方法，不需要人为干预或介入，就可以准确识别并分离各种不同的尺度信息，还能较好地保持原算法的自适应特性，实现抑制模式混叠现象的目的。

4.5.2 基于自适应噪声辅助的抑制 BEMD 模式混叠方法

本书尝试通过添加对待分解信号具有自适应的高斯白噪声，解决 BEMD 算法存在的模式混叠问题。主要思想为：首先，将和待分解图像自适应匹配的高斯白噪声添加到待处理信号当中；再进行 BEMD 分解得到多个 BIMF 分量；最后，将得到的 BIMF 分量进行集合平均，以此作为分解结果。其算法具体步骤如下。

(1)将和待处理信号具有自适应特性的高斯白噪声序列添加到信号当中，添加的高斯白噪声是为了消除 BEMD 分解中出现的模式混叠问题，同时为了保证原算法的自适应性，需对于添加的高斯白噪声序列做出一定规定，因此需要随机添加的高斯白噪声满足下列要求：

$$0 \leqslant \alpha \leqslant \frac{\varepsilon_1}{4} \tag{4.8}$$

$$0 \leqslant \alpha \leqslant \frac{\varepsilon_2}{4} \tag{4.9}$$

式中，α 代表高斯白噪声幅值标准差 σ_n 与原信号标准差 σ_0 之比；ε_1 为信号中高频部分幅值标准差 σ_h 与原信号幅值标准差 σ_0 之比，记为 $\varepsilon_1 = \frac{\sigma_h}{\sigma_0}$；$\varepsilon_2$ 为信号中低频部分幅值标准差 σ_l 与原信号幅值标准差 σ_0 之比，记为 $\varepsilon_2 = \frac{\sigma_l}{\sigma_0}$。分别代入式(4.8)及式(4.9)中，可得

$$0 < \sigma_n < \frac{\sigma_h}{4} \tag{4.10}$$

$$0 < \sigma_m < \frac{\sigma_l}{4} \tag{4.11}$$

(2) α 和集合平均次数自适应获取。为了自适应得到 α，先对待处理图像信号进行分解得到 BIMF1，将其近似看成原信号高频部分；再将分解得到的 BIMF2 近似看成原信号低频部分，并以此作为得到 α 的依据；最后通过式(4.8)～式(4.11)分别得到 α，并将分别得到的 α 进行累加再求平均，得到最终的 α。设定的误差为 ε_n，其分解集合平均次数为 N，具体如下式所述。

$$\varepsilon_n = \frac{\alpha}{\sqrt{N}} \tag{4.12}$$

(3)通过步骤(1)～步骤(2)分解图像得到 BIMF 分量。

(4)若筛分过程中平均次数低于给定值 R，那么需重复步骤(1)～步骤(3)，否则跳至步骤(5)。

(5)得到的所有 BIMF 分量为步骤(1)～步骤(4)所得 BIMF 分量相应均值。

4.6　抑制 BEMD 模式混叠实例分析

为了证明本方法对消除模式混叠效应所具有的良好效果，本书将以经典的 Lena 图像(图 4.8(a))和 Cameraman 图像(图 4.8(b))为例，利用本书方法和传统的 BEMD 方法分别进行分解和合成重构，具体结果如图 4.9～图 4.12 所示。

(a) Lena (b) Cameraman

图 4.8 Lena 及 Cameraman 原始图像

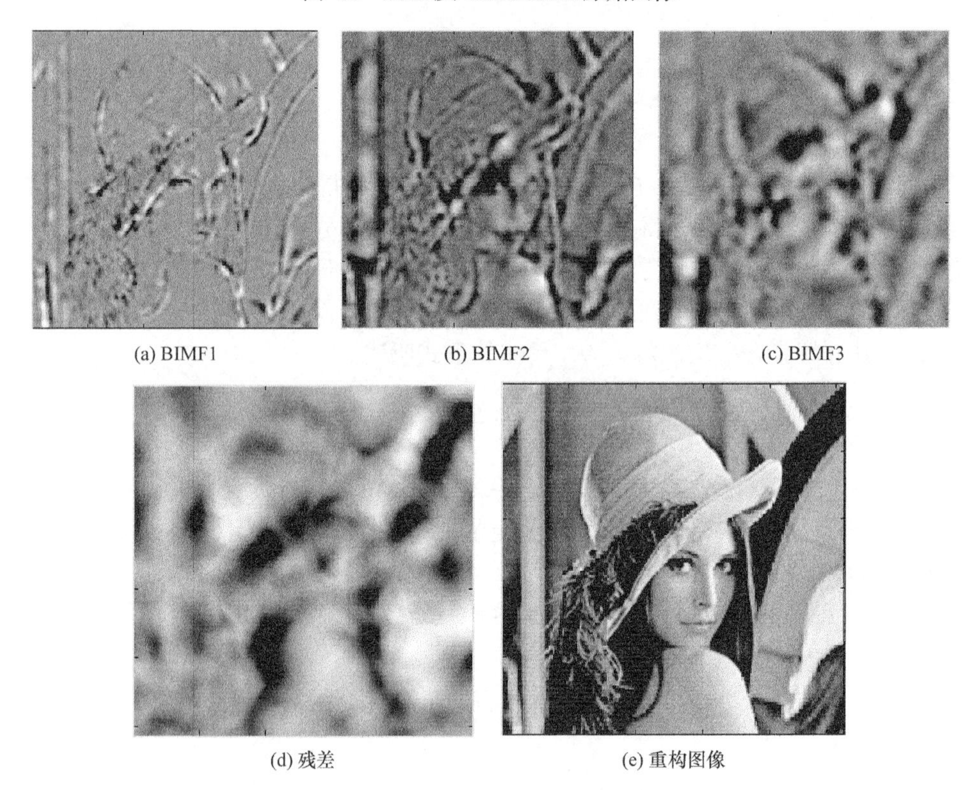

(a) BIMF1 (b) BIMF2 (c) BIMF3

(d) 残差 (e) 重构图像

图 4.9 Lena 图像未用模式混叠抑制方法分解得到的 BIMF 分量、残差及重构图像

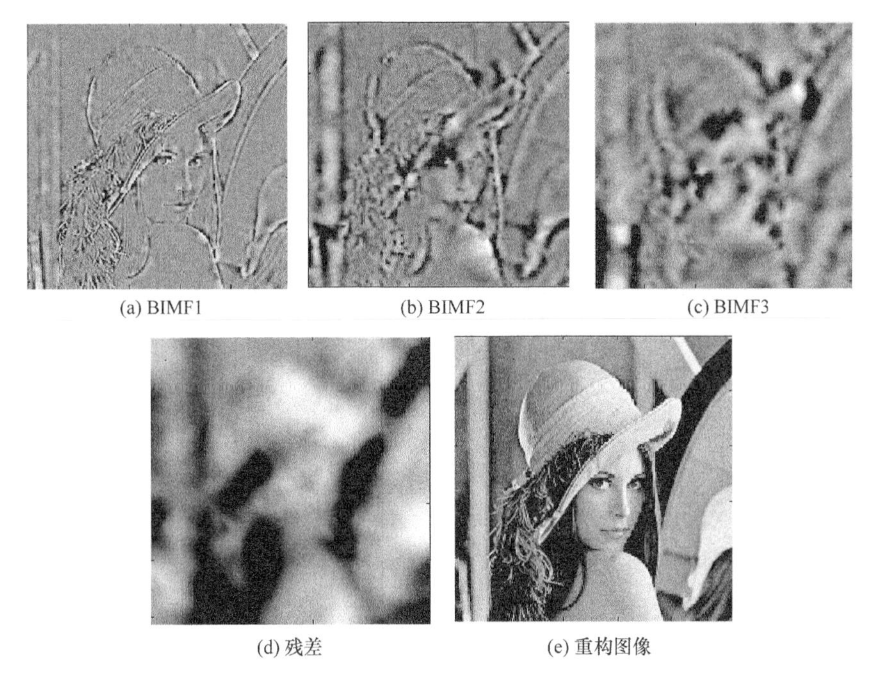

(a) BIMF1　(b) BIMF2　(c) BIMF3

(d) 残差　(e) 重构图像

图 4.10　Lena 图像用模式混叠抑制方法分解得到的 BIMF 分量、残差及重构图像

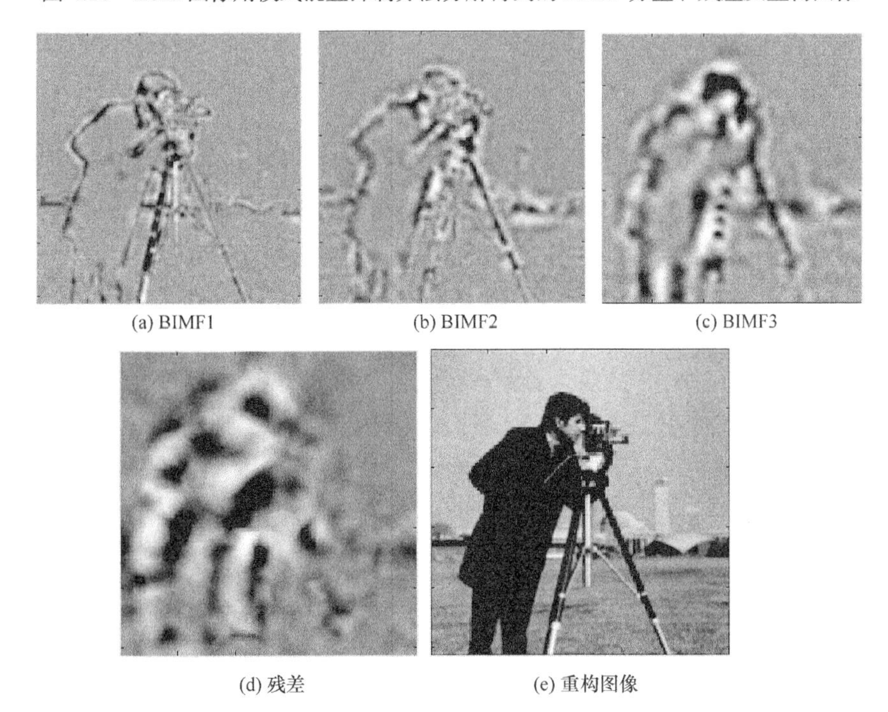

(a) BIMF1　(b) BIMF2　(c) BIMF3

(d) 残差　(e) 重构图像

图 4.11　Cameraman 图像未用模式混叠抑制方法分解得到的 BIMF 分量、残差及重构图像

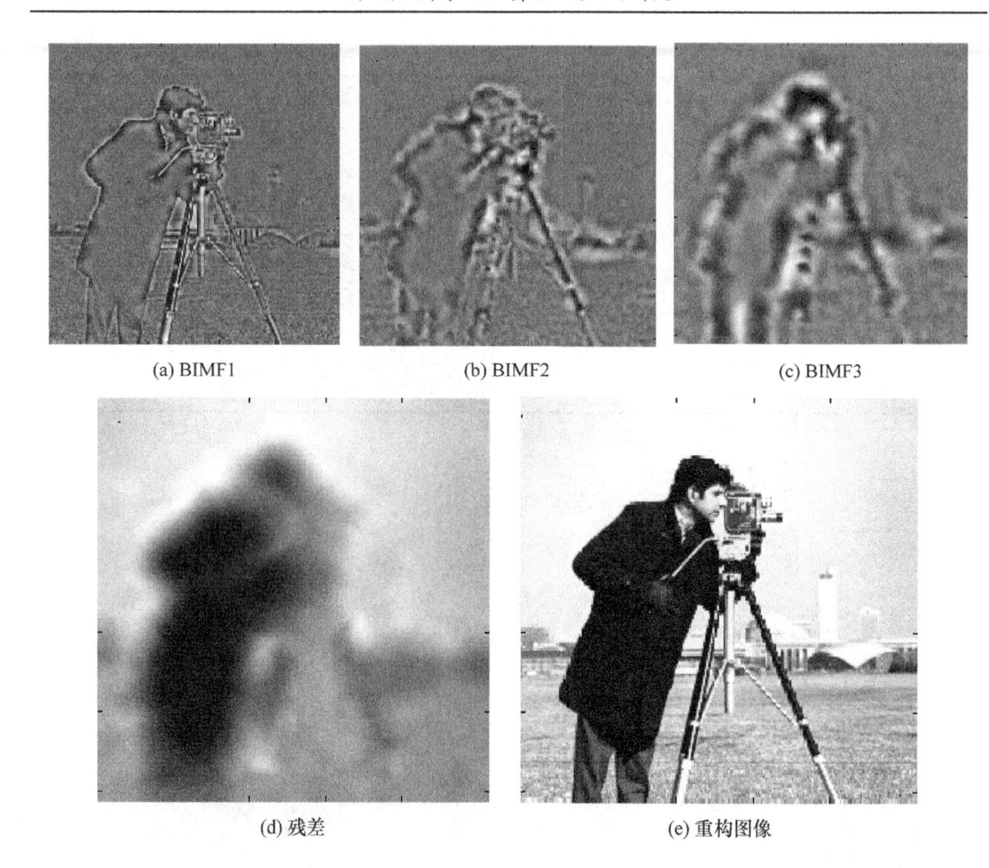

(a) BIMF1　(b) BIMF2　(c) BIMF3

(d) 残差　(e) 重构图像

图 4.12　Cameraman 图像用模式混叠抑制方法分解得到的 BIMF 分量、残差及重构图像

通过图 4.8～图 4.12 可以知道，本书提出的抑制模式混叠的 BEMD 方法较原 BEMD 方法分解得到的 BIMF 分量，不仅轮廓更为清晰，而且其重构得到的图像效果也更好，这也更为直接地说明了本书提出的算法在消除模式混叠方面所独有的效果，它也为诸多关联领域解决类似问题提供了一个新的可靠的技术思路和途径。与此同时，本书提出的算法分解得到的残差更加符合图像本身的趋势特性，这也进一步表明了本书提出的算法更能根据图像特征信息进行分解，如此分解得到的 BIMF 分量就更能代表原始图像所蕴含的特征信息、边缘信息和细节信息。这两个实验也证明了本书提出算法在消除原 BEMD 算法分解过程中产生模式混叠问题的有效性、准确性和可靠性。

第5章　BLMD算法

5.1　一维局域均值分解回顾

局域均值分解(local mean decomposition，LMD)通过多次循环能够得到原信号的包络信号和纯调频信号，不断筛选就可以得到原始信号的全部生产函数(production function，PF)分量。在此$x(t)$代表原始信号，h、u为变量，a_i为包络函数，PF_i为生产函数分量，s_i为纯调频函数，n_i为局部极值点，m_i为局部均值函数。

对于待分解信号$x(t)$，其计算步骤如下，具体流程如图5.1所示。

(1)首先提取待分解信号的局部极值点，找到每个相邻局部极值点的平均值：

$$m_i = \frac{n_i + n_{i+1}}{2} \tag{5.1}$$

式中，$i=1,2,\cdots,I$，I为给定信号的局部极值点数目。再将这些极值点的平均值点用直线连起来即可得到局部均值函数$m_{11}(t)$。

(2)局部包络函数获取：

$$a_i = \frac{|n_i - n_{i+1}|}{2} \tag{5.2}$$

利用滑动平均法将两个相邻的包络函数值a_i连接起来，得到$a_{11}(t)$。

(3)把局部均值函数$m_{11}(t)$从原始信号$x(t)$中分离，便可获得$h_{11}(t)$，具体为

$$h_{11}(t) = x(t) - m_{11}(t) \tag{5.3}$$

利用$h_{11}(t)$除以包络估计函数$a_{11}(t)$，并对$h_{11}(t)$进行解调，得到$s_{11}(t)$：

$$s_{11}(t) = \frac{h_{11}(t)}{a_{11}(t)} \tag{5.4}$$

对$s_{11}(t)$重复上述步骤，可以得到$s_{11}(t)$的包络估计函数$a_{12}(t)$。若局部包络函数$a_{12}(t)$不等于2，则说明$s_{11}(t)$不是纯调频信号，重复上述步骤，若获取的$s_{1p}(t)$为纯调频信号，则：

$$\begin{cases} h_{11}(t) = x(t) - m_{11}(t) \\ h_{12}(t) = s_{11}(t) - m_{12}(t) \\ \qquad \vdots \\ h_{1p}(t) = s_{1(p-1)}(t) - m_{1p}(t) \end{cases} \tag{5.5}$$

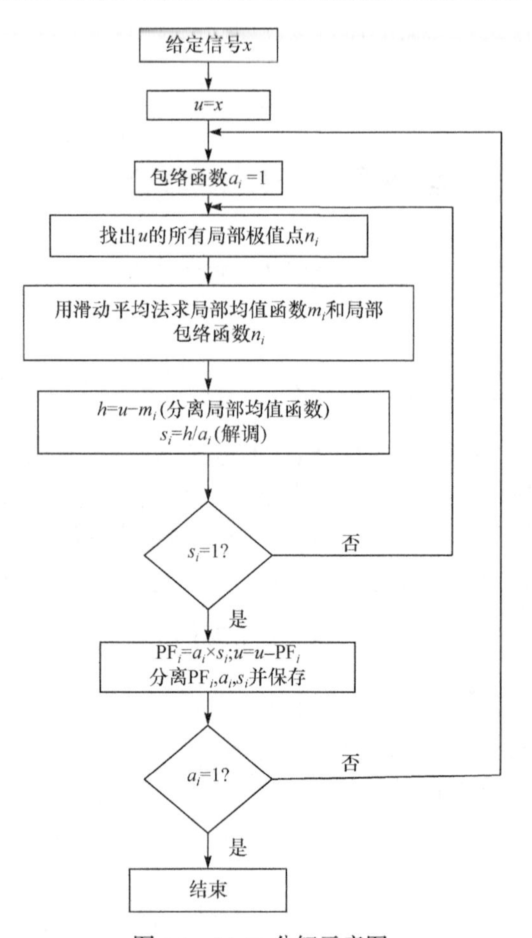

图 5.1　LMD 分解示意图

$$\begin{cases} s_{11}(t) = \dfrac{h_{11}(t)}{a_{11}(t)} \\ s_{12}(t) = \dfrac{h_{12}(t)}{a_{12}(t)} \\ \qquad \vdots \\ s_{1p}(t) = \dfrac{h_{1p}(t)}{a_{1p}(t)} \end{cases} \tag{5.6}$$

终止迭代的条件是:

$$\lim_{n \to \infty} a_{1p}(t) = 1 \tag{5.7}$$

为了减少运算时间，一般利用下式来停止信号分解。

$$a_{1p} \approx 1 \tag{5.8}$$

把所得到的包络函数相乘就可以得到其包络信号：

$$a_1(t)=a_{11}(t)a_{12}(t)\cdots a_{1p}(t)=\prod_{q=1}^{p}a_{1q}(t) \tag{5.9}$$

包络信号 $a_1(t)$ 代表的就是其瞬时幅值。瞬时频率 $f_1(t)$ 通过纯调频信号 $s_{1p}(t)$ 获得：

$$f_1(t)=\frac{d\left\{\arccos[s_{1p}(t)]\right\}}{2\pi dt} \tag{5.10}$$

(4) PF 分量：

$$\mathrm{PF}_1(t)=a_1(t)s_{1p}(t) \tag{5.11}$$

从待分解信号 $x(t)$ 中将第一个 PF 分量减去，得到新的待分解信号 $u_1(t)$，将此新信号重复上述步骤，直到得到所有 PF 分量为止。最终，原始信号 $x(t)$ 可用下式表示：

$$x(t)=\sum_{r=1}^{k}\mathrm{PF}_r+u_k(t) \tag{5.12}$$

5.2　极值谱的提取

二维局域均值分解 (bidimensional local mean decomposition, BLMD) 算法是局域均值分解由一维信号处理推广到二维信号处理，其基本原理及思想与 LMD 存在很大相似性。BLMD 算法本质就是通过提取二维图像信号的局部极值点筛选获得具有一定物理意义的多个二维生产函数 (bidimensional product function，BPF) 和一个趋势图像的过程，此筛选过程完全根据图像信号本身特征来获得，该分解算法具有高度的自适应多尺度特性。它的基本思路是：按照一维局域均值分解的方法，BLMD 首先是在投影面上提取得到局部极值点；再对极值点分别进行包络处理,得到局部极大值包络曲面和局部极小值包络曲面,进而得到局部均值曲面；然后进行相应的筛选过程；最后得到有限个二维生产函数和一个趋势图像。下面将对该过程进行详细阐述。

提取二维极值就是从一个给定二维信号中找到所有极值点，它包括极值点位置和极值点大小。所有极大值点构成的阵列，称为“极大值谱”；所有极小值点构成的阵列，称为“极小值谱”。在 LMD 算法中较容易提取得到极值点，但是对于 BLMD 算法来说，它的极值谱提取就较为复杂，这是因为较难给出二维空间中数据极值点的定义。

鉴于此，本书利用已经得到较好应用的邻域窗法提取图像信号的极值谱。像素中若某个像素点比一定邻域范围的其他点都大或小，则称其为极大或极小值。假定 $m\times n$ 像素二维图像 $f(x,y)$ 可以用下式矩阵表示：

$$f(x,y)=\begin{bmatrix} a_{11} & a_{12} & \cdots & a_{1n} \\ a_{21} & a_{22} & \cdots & a_{2n} \\ \cdots & \cdots & \cdots & \cdots \\ a_{m1} & a_{m2} & \cdots & a_{mn} \end{bmatrix} \tag{5.13}$$

式中，a_{mn} 表示矩阵中第 m 行第 n 列数据。先假定邻域窗窗口尺寸为 $w_n \times w_n$，则极值点可以通过下式进行描述：

$$a_{mn} \overset{\Delta}{=} \begin{cases} a_{mn}\text{为极大值，当}a_{mn} > a_{kl}\text{时} \\ a_{mn}\text{为极小值，当}a_{mn} < a_{kl}\text{时} \end{cases} \tag{5.14}$$

式中

$$\begin{aligned} k &= (m-(w_n-1)/2):(m+(w_n+1)/2) \\ l &= (n-(w_n-1)/2):(n+(w_n+1)/2) \end{aligned} \tag{5.15}$$

对于图像信号来说，一般使用 3×3 窗口来寻找极值是一个比较理想的方法。特殊情况下可以使用更大的滑动窗口来寻找极值,但会导致极值点数量急剧下降。如图 5.2 所示的 8×8 矩阵，利用邻域窗法来说明其寻找步骤。使用 3×3 窗口来寻找极值点，图中的黑色粗线所围成的窗口为滑动窗口，可对行列分别进行逐一扫描，得到的极大值谱和极小值谱分别如图 5.3 及图 5.4 所示。窗口分别以 a_{32}、a_{75} 和 a_{26} 为中心进行寻找，由式(5.14)可以知道，a_{32}、a_{75} 分别是极大和极小值，但 a_{26} 是非极值点。

8	8	4	1	5	2	6	3
6	3	2	3	7	3	9	3
7	8	3	2	1	4	3	7
4	1	2	4	3	5	7	8
6	4	2	1	2	5	3	4
1	3	7	9	9	8	7	8
9	2	6	7	6	8	7	7
8	2	1	9	7	9	1	1

图 5.2　8×8 矩阵

0	0	0	0	0	0	0	0
0	0	0	0	7	0	9	0
0	8	0	0	0	0	0	0
0	0	0	4	0	0	0	8
6	0	0	0	0	0	0	0
0	0	0	0	0	0	0	8
9	0	0	0	0	0	0	0
0	0	0	9	0	9	0	0

图 5.3　图 5.2 的极大值谱

0	0	0	1	0	2	0	0
0	0	0	0	0	0	0	0
0	0	0	0	1	0	0	0
0	1	0	0	0	0	0	0
0	0	0	1	0	0	3	0
1	0	0	0	0	0	0	0
0	0	0	0	6	0	0	0
0	0	1	0	0	0	0	0

图 5.4　图 5.2 的极小值谱

5.3　基于分形理论的 BLMD 插值算法

5.3.1　图像的分形特征

一般图像分形特征是利用分形布朗函数方法对具体图像进行分析，得到其分布函数以及分形维数，具体方法如下。

1. 分布函数

图像表面形状的特征描述之一就是其分布函数 $F(x)$。在本章中，$F(x)$ 为零均值高斯分布函数 $N(0,\sigma^2)$，它的特性由 σ^2 决定。

2. 分形维数

分形维数是图像特征参数的分形描述，在同一个分布函数 $F(x)$ 下，图像分形维数 D 越大，被测物体就越粗糙，反之亦然。

5.3.2 基于分形理论的 BLMD 插值算法

分形插值算法包括：一是图像特征量提取；二是图像的插值计算。具体内容如下所示。

1. 图像特征量提取

(1) 计算图像中值为 Δt 的空间距离的像素亮度差期望值，记作 $E|L_H(t+\Delta t)-L_H(t)|^2$。

(2) 确定尺度极限参数 $|\Delta t|_{\min}$ 及 $|\Delta t|_{\max}$。

如果图像是理想分形特征，那么分形维数为常数。但是，实际图像并不一定是完全理想分形，故需要确定一个尺度范围，以保证在该范围内的分形维数是一个常数。具体确定方法为：画出分形维数图，也就是 $\log E|L_H(t+\Delta t)-L_H(t)|^2$ 相对于 $\log|\Delta t|$ 的曲线，其中直线段的上下限分别为 $|\Delta t|_{\min}$ 及 $|\Delta t|_{\max}$。

(3) 对参数 H 和像素灰度正态分布标准差 δ 进行计算，根据 $L_H(t)$ 的性质，可得

$$\log E\left|L_H(t+\Delta t)-L_H(t)\right|^2-2H\log\|\Delta t\|=\log\sigma^2$$

式中，$\sigma^2=E|L_H(t+1)-L_H(t)|^2$。$H$ 和 σ 可以通过求解上述方程得到。

2. BLMD 分形插值

BLMD 分形插值算法本质上是随机中点位移法递归实现的过程。对于图像中的像素点 (i,j)，假设 i,j 均为奇数时它的灰度值 L_H 已经确定，则当 i,j 均为偶数时，可得

$$\begin{aligned}L_H(i,j)=&\frac{1}{4}[L_H(i-1,j-1)+L_H(i+1,j-1)+L_H(i+1,j+1)\\&+L_H(i-1,j+1)]+\sqrt{1-2^{2H-2}}\,\|\Delta t\|\cdot H\cdot\sigma\cdot G\end{aligned}\tag{5.16}$$

当 i,j 有且仅有一个为偶数时，有

$$L_H(i,j)=\frac{1}{4}[L_H(i,j-1)+L_H(i-1,j)+L_H(i+1,j)+L_H(i,j+1)]+2^{-H/2}\sqrt{1-2^{2H-2}}\|\Delta t\|\cdot H\cdot\sigma\cdot G \tag{5.17}$$

式中，G 是服从 $N(0,1)$ 分布的 Gauss 随机变量，$\|\Delta t\|$ 为样本间距离，故可以利用原图像特征描述信息的 H 和 σ 共同作用得到插值点亮度。

在达到设定空间分辨率之前，不断重新上述步骤。其中每一次迭代过程中，需要插入的中点均为高斯随机变量，期望值为四个相邻点的均值。点的偏移量可以通过能够描述图像特性信息的 H 和 σ 共同决定。当 H=0 时，此点相对与其相邻四个点均值的偏移量需通过 σ 决定；而 H=1，方差为 0，得到的相邻四个点均值相当于线性插值。σ 取值一定的情况下，H 越小，插值点随机性就会越大。

日常生产生活中被测图像具有极高的自相似特性，而对于图像进行分形插值，是对这种自相似性进行逆反映。这也是分形插值算法能够得到较好插值效果的最重要原因。

5.3.3 BLMD 算法插值的具体实现过程

对于 BLMD 算法插值可以通过上述原理及有关公式，再利用 MATLAB 编程加以实现，主要步骤有：

(1) 读入图片 I，使其转化为一个 $M\times N$ 的数据矩阵；

(2) 若 $I(i,j)$ 矩阵中的 i,j 均为偶数则用式 (5.16) 进行插值计算；

(3) 若 $I(i,j)$ 有且仅有一个偶数时，则用式 (5.17) 进行插值计算；

(4) 对通过步骤 (2) 及步骤 (3) 得到的 $I(i,j)$ 矩阵进行数据取整操作；

(5) 将矩阵 $I(i,j)$ 转化为图片输出。

5.4 二维生产函数分量曲面的获取

根据一维局域均值分解的原理，可以得到 BLMD 的筛分过程。对于一幅二维图像信号 $f(x,y)$，它的上下包络曲面分别用 $f_{\max}(x,y)$ 和 $f_{\min}(x,y)$ 表示，那么其均值曲面 $m_1(x,y)$ 可用下式表示：

$$m_1(x,y)=\frac{f_{\max}(x,y)+f_{\min}(x,y)}{2} \tag{5.18}$$

根据二维生产函数分量的基本特性，在理想状况下，第一次筛分得到的均值曲面可作为第一个分量 $h_1(x,y)$，具体用下式表示：

$$h_1(x,y)=f(x,y)-m_1(x,y) \tag{5.19}$$

由于曲面 $h_1(x,y)$ 中可能存在非对称波，所以必须继续进行筛分，但第二次筛

分需要以 $h_1(x,y)$ 作为分解对象，那么：

$$h_{11}(x,y)=h_1(x,y)-m_{11}(x,y) \tag{5.20}$$

式中，$m_{11}(x,y)$ 是 $h_1(x,y)$ 的局部均值。重复筛分 k 次后，有：

$$h_{1k}(x,y)=h_{1(k-1)}(x,y)-m_{1k}(x,y) \tag{5.21}$$

在此，我们将 $\mathrm{BPF}_1(x,y)=h_{1k}(x,y)$。

$\mathrm{BPF}_1(x,y)$ 是从原始图像信号分解得到的第一个二维生产函数。$\mathrm{BPF}_1(x,y)$ 是包含原始图像信号中最短的周期分量，也就是图像信号尺度中最小的部分，以上筛分过程是基于特征时间尺度从图像信号中分解得到最局部化的结构模式。把原始图像信号 $f(x,y)$ 分离出来的剩余图像信号 $R_1(x,y)$ 作为新的图像继续进行筛分，那么：

$$R_1(x,y)=f(x,y)-\mathrm{BPF}_1(x,y) \tag{5.22}$$

很明显，$R_1(x,y)$ 包含图像信号中较大尺度部分。逐步筛分，即

$$R_2(x,y)=R_1(x,y)-\mathrm{BPF}_2(x,y)$$
$$R_3(x,y)=R_2(x,y)-\mathrm{BPF}_3(x,y)$$
$$\cdots$$
$$R_n(x,y)=R_{n-1}(x,y)-\mathrm{BPF}_n(x,y)$$

所以，最终的筛分结果可以用下式表示：

$$f(x,y)=\sum_{i=1}^{n}\mathrm{BPF}_i(x,y)+R_n(x,y) \tag{5.23}$$

也就是说原始图像被分解为 n 个二维生产函数分量和一个趋势项 $R_n(x,y)$。

二维局域波分解得到的残余趋势包含了丰富的直流信息。对于图像而言，由于局域波分量对称于零均值，因而趋势量包含的图像灰度信息丰富，在实际应用中它往往不能忽略。

5.5 停止条件

筛分过程是为了删除骑行波的本底，使得波形剖面更加对称。由筛分过程可知，该处理过程能平滑不规则的振幅和削弱数据的奇异性，但这样会影响图像的物理意义，所以不能无限制地处理下去。而且实际的计算过程中通常存在均值曲面的过分解和欠分解，而过分解和欠分解将会影响均值和分解过程的结果。因此，必须根据图像信号本身特点来终止分解过程。

本书提出了先分别计算每次剔除均值曲面后所得到剩余曲面 $h_{k,l}(m,n)$ 与上一次得到的剩余曲面 $h_{k,l-1}(m,n)$ 在零值平面投影位置上极值点不重合数，再将这两

个具体数目进行求和得到总极值点数(用 T_k 表示)方法。类似地，下一次筛分也会得到相应的总极值点数，用 T_{k+1} 表示。而用Δ_{k+1}来表示这两次筛分得到的总的极值点数目之差，具体为

$$\Delta_{k+1} = T_{k+1} - T_k \tag{5.24}$$

式中，$k \geqslant 2$。于是，筛分 n 次之后不重合极值点变化平均速度，记为$\overline{V}$，即

$$\overline{V} = \frac{\sum_{i=2}^{n-1} \Delta_{k+1}}{n-2} \tag{5.25}$$

式中，$n \geqslant 3$ 比较$\overline{V}$和Δ_n，即

$$\Delta_n \leqslant b\overline{V} \tag{5.26}$$

式(5.26)是设定的分解停止条件。其中，b 为常数，根据多次相关试验结果分析可知，b 取值在 0.09～0.32 之间比较合理，同时可以达到较好的分解效果。通过本停止条件筛分得到的二维固有模态函数较其他条件得到的二维生产函数更能反映待分析图像的特征信息、边缘信息和细节信息。与此同时，为了进一步证明本书提出停止条件的合理性、自适应性，将在后续部分进行实证分析和说明。

5.6 BLMD 算法计算过程

本节主要介绍 BLMD 算法的计算思路，具体如下所示。

(1)待分解图像进行初始化，$r_0(m,n)=f(m,n)$，$k=1$，$(m,n)\in[0,M-1]\times[0,N-1]$，其中 M 和 N 分别代表图像离散到平面上的行列数。

(2)初始化 $h_{k,0}(m,n)=r_{k-l}(m,n)$，$l=1$。

(3)采用 5.2 节原理提取得到 $h_{k,l-1}(m,n)$的极值点。

(4)利用 5.3 节提出的分形插值算法分别进行插值，计算得到 $h_{k,l-1}(m,n)$的上下包络曲面 $e_{\max,l-1}(m,n)$及 $e_{\min,l-1}(m,n)$。

(5)利用上下包络曲面，求取均值包络曲面，计算公式为

$$e_{\text{mean},l-1}(m,n) = \frac{e_{\max,l-1}(m,n) + e_{\min,l-1}(m,n)}{2} \tag{5.27}$$

(6)对于原始图像信号进行更新，获得需继续迭代的新信号。

$$h_{k,l}(m,n) = h_{k,l-1}(m,n) - e_{\text{mean},l-1}(m,n), \quad l = l+1 \tag{5.28}$$

(7)停止条件选取：将 5.5 节提出的停止条件作为本算法分解停止条件，首先分别计算得到 $h_{k,l}(m+i,\ n+i)$和 $h_{k,l-1}(m+i,\ n+i)$在零值平面投影位置的极值点不重合个数并累加，记为 T_i，下一次筛分时，记作 T_{i+1}。这两次极值点不重合个数之

差记为Δ_{k+1}，筛分 n 次后其平均变化速度，记为$\bar{V}$，比较$\bar{V}$和Δ_n。

$$\Delta_n \leqslant b\bar{V} \tag{5.29}$$

式(5.29)即为本算法停止条件，根据多次试验，b 取 0.13 最优。

(8)重复步骤(2)～步骤(7)，直到满足式(5.29)的分解停止条件，则迭代终止。此时 $h_{k,l}(m, n)$为筛分得到的二维固有模态函数，即 $\mathrm{BPF}_k(m, n)=h_{k,l}(m, n)$。

(9)更新信号，获得剩余信号。

$$R_k(m, n)=R_{k-1}(m, n)-\mathrm{BPF}_k(m, n) \tag{5.30}$$

(10)重复步骤(1)～步骤(9)，直到使得 $k=k+1$ 的剩余信号 $R_k(m, n)$为单调信号，得到所有 BPF 分量后，BLMD 分解过程结束。

原始图像最终可以表示为 BPF 分量和最后剩余信号之和，公式为

$$f(m,n)=\sum_{k=1}^{K}\mathrm{BPF}_k(m,n)+R_K(m,n),\ k\in N^* \tag{5.31}$$

第6章　BEMD算法与BLMD算法的应用研究

6.1　自适应BEMD算法基本原理

图像采集过程中设备、环境等因素会导致得到的图像出现质量下降情况。为了获得图像所反映的真实信息，在实施后期分析(如压缩、分割、融合等)之前，需要进行图像去噪处理，还原图像的真实信息。目前图像去噪主要还是基于傅里叶变换和小波变换。然而，这些方法也存在着一定的局限性，例如，傅里叶变换虽然可以较好地继承图像中纹理部分和平缓部分，却难以反映图像中存在的突变特性；小波变换虽然具有良好的时频域特性，在一定程度上可以反映图像中某些突出的变化，但是它对这类变化的描述仍不完整。而 Huang 等提出的 EMD 方法为解决这一问题提供了一条可能的技术途径。EMD 方法已在地震、结构诊断、生物、机械故障诊断以及海洋等领域得到应用。这一方法得到如此大范围推广和应用主要还是由于其数据驱动特性，使得其更能揭示信号本身的局部变化。Nunes 等将 EMD 二维化，提出 BEMD 算法，并用于图像信号处理，已在图像压缩、图像纹理分类、图像去噪、图像融合等方面获得诸多应用。然而，其存在插值方法、端部效应、模式混叠等问题，已经影响其继续推广和应用。针对 BEMD 存在的问题，本书前述章节针对性地提出了解决方案，本章就综合这些解决方案，提出了一种全新的 BEMD 算法，并将其应用到图像去噪当中。实验结果表明，相对于其他图像去噪方法，本书图像去噪方法不仅可以消除噪声，还可以最大限度地保留原始图像细节信息。6.1 节对本书提出的 BEMD 算法基本原理进行简要概述；6.2 节建立了基于自适应 BEMD 算法的图像去噪算法；6.3 节对 6.2 节提出的去噪算法进行实例分析；6.4 节提出了 GA-SIFT 算法；6.5 节给出了自适应 BEMD-GA-SIFT 的图像特征提取方法；6.6 节提出了自适应 BEMD 分解多尺度协调与融合方法；6.7 节及 6.8 节分别就 6.5 节及 6.6 节提出的方法进行实例分析；6.9 节提出了基于 BLMD-GA-SIFT 的图像特征提取算法，6.10 节就 6.9 节提出的算法进行实例分析。

对于一个二维图像 $f(m, n)$ 的自适应 BEMD 算法基本过程如下所示。

(1)将待分解图像进行初始化，$r_0(m, n) = f(m, n)$，$k=1$，$(m, n) \in [0, M-1]\times[0, N-1]$，其中 M 和 N 分别代表图像离散到平面上的行列数。

(2)初始化 $h_{k,0}(m, n) = r_{k-l}(m, n)$，$l=1$。

(3) 向步骤 (2) 得到的图像添加符合 4.5 节要求的噪声信号。

(4) 对步骤 (3) 得到的图像利用 3.4 节提出的回归模型分别进行四个方向预测，得到极值点。

(5) 以该虚拟极值点作为位镜面位置，采用镜像闭合处理方法，将步骤 (3) 预测得到的图像与原图像信号共同构成待处理信号 $h_{k,0}(m+i, n+i)$。

(6) 提取得到 $h_{k,l-1}(m+i, n+i)$ 的极值点。

(7) 利用本书提出的基于粒子群优化的分形法进行插值，并计算得到 $h_{k,l-1}(m+i, n+i)$ 的上下包络曲面 $e_{\max,l-1}(m+i, n+i)$ 及 $e_{\min,l-1}(m+i, n+i)$。

(8) 通过上下包络曲面求取均值包络曲面，计算公式为

$$e_{\text{mean},l-1}(m+i,n+i)=\frac{e_{\max,l-1}(m+i,n+i)+e_{\min,l-1}(m+i,n+i)}{2} \tag{6.1}$$

(9) 对于图像信号进行更新，获得需继续迭代的新信号。

$$e_{k,l}(m+i,n+i)=e_{k,l-1}(m+i,n+i)-e_{\text{mean},l-1}(m+i,n+i),\quad l=l+1 \tag{6.2}$$

(10) 停止条件选取。将本书第 4 章提出的停止条件作为本算法分解停止条件，首先分别计算得到 $h_{k,l}(m+i,n+i)$ 和 $h_{k,l-1}(m+i,n+i)$ 在零值平面投影位置的极值点不重合个数并累加，记为 T_i，下一次筛分时，记作 T_{i+1}。这两次极值点不重合个数之差记为 Δ_{k+1}，筛分 n 次后其平均变化速度，记为 $\overline{V}$，比较 $\overline{V}$ 和 Δ_n。

$$\Delta_n \leqslant b\overline{V} \tag{6.3}$$

式 (6.3) 即为本算法停止条件，根据多次试验，b 取 0.21 最优。

(11) 重复步骤 (2) ～步骤 (10)，直到满足式 (6.3) 的分解停止条件，则迭代终止。此时 $h_{k,l}(m+i, n+i)$ 为筛分得到的二维固有模态函数，即 $\text{bimf}_k(m+i, n+i)=h_{k,l}(m+i, n+i)$。

(12) 更新信号，获得剩余信号。

$$r_k(m+i, n+i)=r_{k-1}(m+i, n+i)-\text{bimf}_k(m+i, n+i) \tag{6.4}$$

(13) 根据 4.5 节描述，当每次筛分过程中平均次数小于给定值 R 时，重复步骤 (1) ～步骤 (12)，否则转到步骤 (14)。

(14) 重复步骤 (1) ～步骤 (13)，直到 $k=k+1$ 的剩余信号 $r_k(m, n)$ 为单调信号，得到增加外推信号的图像信号的所有 BIMF 分量，则增加预测信号后的图像进行的 BEMD 分解过程结束。

(15) 将步骤 (14) 得到的 BIMF 分量剔除步骤 (4) 外推预测信号，得到原始图像的所有 BIMF 分量和残差，即 $\text{bimf}_k(m, n)$ 和 $r_k(m, n)$。

完成步骤 (1) ～步骤 (15) 之后，原始图像可用 BIMF 分量和剩余信号进行表示，即

$$f(m,n)=\sum_{k=1}^{K}\text{bimf}_k(m,n)+r_K(m,n),\quad k\in N^* \tag{6.5}$$

EMD 分解得到的残差一般反映信号本身趋势，在后期分析中，往往可以忽略。但对于 BEMD 分解得到的残差往往含有原始图像的特征信息，在后期的图像分析过程中，不能忽略其包含的细节信息和边缘信息等，所以必须考虑到它对原始图像构成的贡献。

6.2 基于自适应 BEMD 算法的图像去噪

6.2.1 自适应 BEMD 算法的图像去噪

图像在采集、压缩、转化和传输过程中会有噪声掺杂其中，故图像一般是由噪声和真实图像两者信息合成的，即

$$g(m,n)=f(m,n)+z(m,n) \tag{6.6}$$

式中，$g(m,n)$ 代表含有噪声信息的图像，$f(m,n)$ 代表反映真实信息的图像，$z(m,n)$ 代表所含有的噪声的图像。

$g(m,n)$ 图像可利用 6.1 节提出的自适应 BEMD 算法进行分解，将会得到多个 BIMF 和趋势项，可用下式进行表示，即

$$f(m,n)=\sum_{i=1}^{k} f_i(m,n)+r(m,n) \tag{6.7}$$

$$z(m,n)=\sum_{i=1}^{k} z_i(m,n)+s(m,n) \tag{6.8}$$

$$g(m,n)=\sum_{i=1}^{k} f_i(m,n)+r(m,n)+\sum_{i=1}^{k} z_i(m,n)+s(m,n) \tag{6.9}$$

经过自适应 BEMD 分解后得到的噪声残差 $s(m,n)$ 很小，可以忽略。问题的关键在于去除 $\sum_{i=1}^{k} z_i(m,n)$ 后不影响图像的基本特征信息。含噪图像通过 BEMD 分解后得到的 BIMF，既含有原图像分解得到的高频部分，也含有噪声图像分解得到的 BIMF，因此将噪声图像分解得到的 BIMF 消除是去噪的关键。BEMD 算法分解方法能够更细致地将不同成分提取出来，有利于后期的去噪处理。只需剔除噪声图像分解得到的 BIMF，再将剩下的 BIMF 合成重构，就能得到消除噪声信息的真实图像。

6.2.2 图像去噪的步骤

应用改善端部效应、插值技术、停止条件及消除模式混叠的 BEMD 分解算法去噪的基本流程如图 6.1 所示。

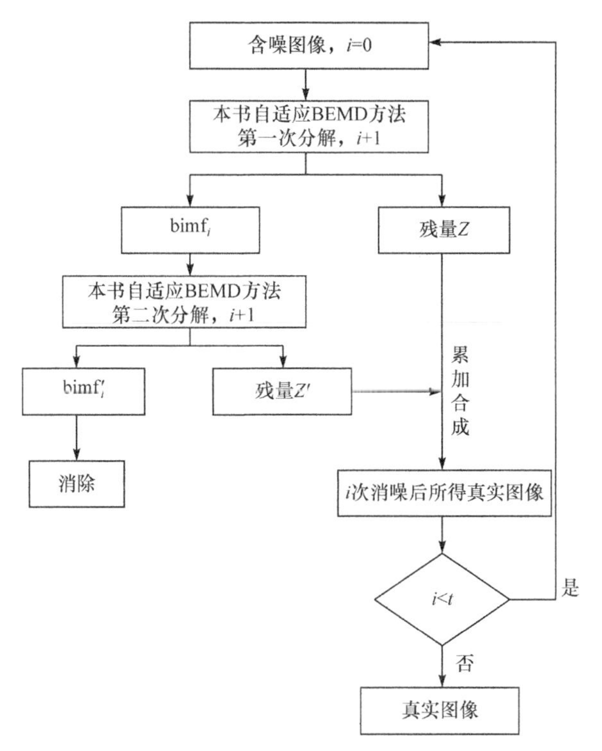

图 6.1 本书提出的自适应 BEMD 方法图像去噪基本流程图

(1)输入待处理图像，初始化 i=0。

(2)第一次本书提出的自适应 BEMD 分解：利用本书提出的自适应 BEMD 分解方法将含噪图像分解为 1 个 BIMF 和残量 Z，这个 BIMF 含有噪声信息及原始图像的边缘信息，i+1。

(3)第二次利用本书提出的自适应 BEMD 算法分解：对步骤(2)得到的 BIMF 分量再进行分解，于是得到 1 个 BIMF′ 和残量 Z。

(4)累加重构经过两次分解之后所得残量，也即 $Y=Z+Z'$，Y 表示在进行 i 次消噪后图像。若 $i<t$(t 为 2)，则 Y 代表原图像，转到步骤(2)，否则转到步骤(5)。

(5)得到去噪后的真实图像。

6.3 基于自适应 BEMD 算法图像去噪实例分析

6.3.1 含高斯白噪声图像

为了证明本书提出方法在图像消噪过程的有效性，对加入了高斯白噪声(高斯白噪声均值为 0，方差为 0.01)的 Lean(256×256)灰度图像进行去噪处理，原始及含噪图像如图 6.2 所示。

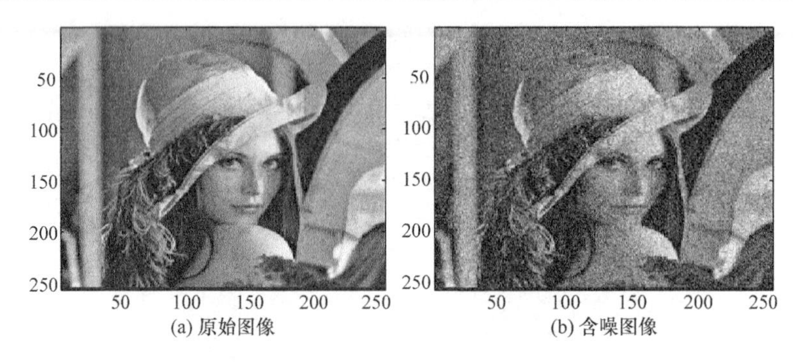

(a) 原始图像　　(b) 含噪图像

图 6.2　原始图像及含高斯白噪声图像

通过本书提出的自适应 BEMD 方法对图 6.2(b)进行分解，得到多个 BIMF 分量和趋势项。由于噪声信息一般蕴含于高频部分，而 BEMD 分解得到的第一个 BIMF 分量就是高频部分，即原图像所含噪声部分，故将第一次 BEMD 分解得到的第一个 BIMF 分量再分解，得到的第一个 BIMF 分量即主要成分为噪声信息，真实图像信息已被分离；再将原图像减去第二次分解得到的第一个 BIMF 分量，就代表去除噪声信息后的真实图像，具体如图 6.3(a)所示。利用同样去噪步骤分别采用未进行端部效应处理的 BEMD 方法和镜像闭合处理的 BEMD 方法对含噪图像进行去噪，获得去噪后的图像分别如图 6.3(b)和图 6.3(c)所示。采用 Wiener 方法去噪效果如图 6.3(d)所示。

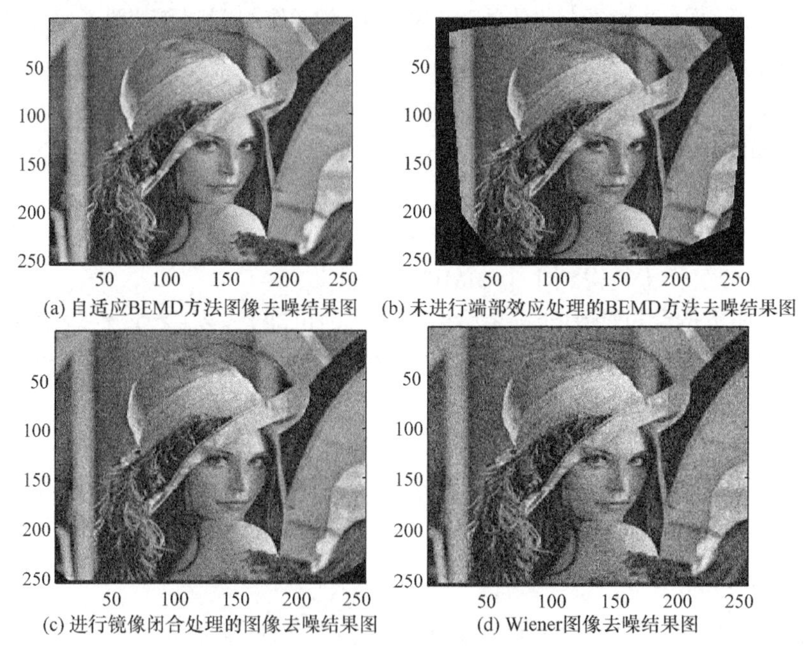

(a) 自适应BEMD方法图像去噪结果图　　(b) 未进行端部效应处理的BEMD方法去噪结果图

(c) 进行镜像闭合处理的图像去噪结果图　　(d) Wiener图像去噪结果图

图 6.3　自适应 BEMD 方法、未进行端部效应处理的 BEMD 方法、进行镜像闭合处理的 BEMD 方法和 Wiener 去噪方法去噪后图像

从这四种方法得到的去噪图像可以看出，未进行端部效应处理的 BEMD 方法得到的去噪图像尽管能够较好地剔除噪声信息，但端部效应严重，丢失了大量的边缘及细节信息；镜像闭合处理的 BEMD 方法得到的去噪图像，虽然能够对端部效应起到了一定抑制作用，但也不同程度地存在端部效应问题；虽然 Wiener 法可消除原图像中的多数噪声信息，但噪声信息残留较多，无法剔除干净；而通过自适应 BEMD 方法获得的去噪图像，不仅能够有效地抑制 BEMD 分解方法存在的严重端部效应问题，而且能够最大限度地剔除噪声信息，仅残存极少噪声信息，保留了原始图像绝大多数细节信息和边缘信息。尽管图像中仍存有这些极少噪声信息，但其对图像的后期分析和处理影响极小。

6.3.2　含椒盐噪声图像

将 Lean(256×256)灰度图像添加椒盐噪声，其密度为 0.05，原图像及含噪图像如图 6.4 所示。

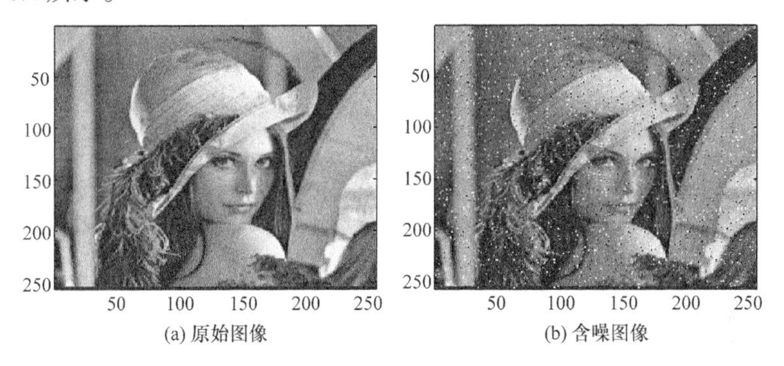

(a) 原始图像　　(b) 含噪图像

图 6.4　原始图像及含椒盐噪声图像

利用自适应 BEMD 方法对图 6.4(b)进行消噪处理，结果如图 6.5(a)所示。利用同样去噪步骤分别采用未进行端部效应处理的 BEMD 方法和进行镜像闭合处理的 BEMD 方法对含噪图像进行去噪，获得去噪后的图像分别如图 6.5(b)和图 6.5(c)所示。通过 Wiener 法消噪后结果如图 6.5(d)所示。

从这四种方法得到的去噪图像可以发现，利用未进行端部效应处理、镜像闭合处理方法的 BEMD 分解方法均能在一定程度剔除噪声信息，但未进行端部效应处理的 BEMD 分解方法得到的去噪图像，丢失大量边缘信息、细节信息及局部信息，后期无法对图像真实信息进行有效获取。镜像闭合处理 BMED 方法尽管对端部效应进行一定程度上的抑制，但仍较为明显，而且其去噪性能存在一定程度下降。Wiener 方法尽管能剔除部分噪声信息，但残存噪声信息仍然较多，不利于下一步细节及边缘信息的提取。这三种方法在一定范围一定程度上能够对噪声图像进行去噪，也能保留原始图像的大部分特征信息，是有效的、可行的。但是仔细观察，可以发现，通过自适应 BEMD 方法去噪后得到的图像不仅能够有效地抑制 BEMD 分解方法的端部效应，基本消除了图像含有的噪声信息，还极好地保留了原图像特征信息、细节信息和边缘信息，为后期图像各类处理和应用奠定一个良好的基础。

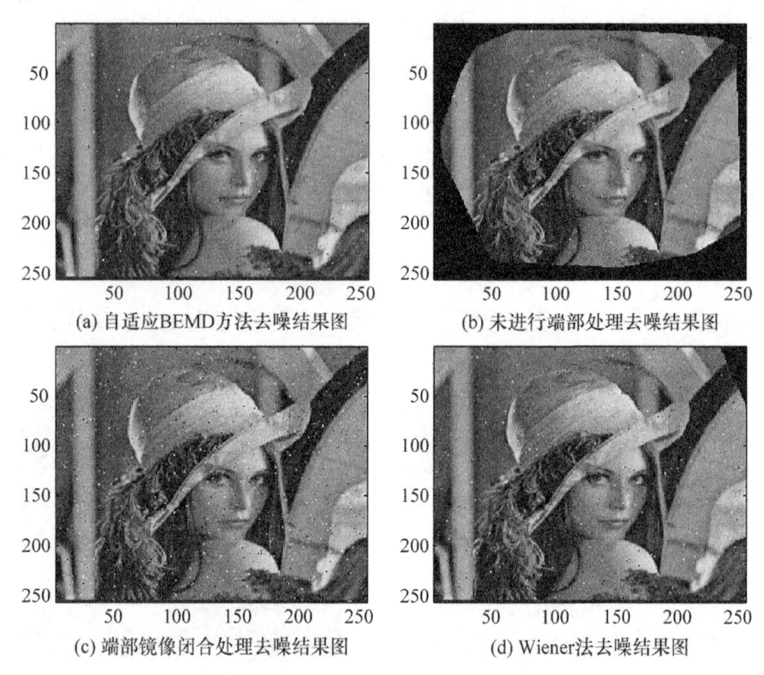

(a) 自适应BEMD方法去噪结果图　(b) 未进行端部处理去噪结果图

(c) 端部镜像闭合处理去噪结果图　(d) Wiener法去噪结果图

图 6.5　自适应 BEMD 方法、未进行端部处理的 BEMD 方法、进行端部镜像闭合处理的 BEMD 及 Wiener 法去噪后图像

6.3.3　含随机噪声图像

对 Lean(256×256) 灰度图像添加 20%的随机噪声，原图像及含随机噪声图像如图 6.6 所示。

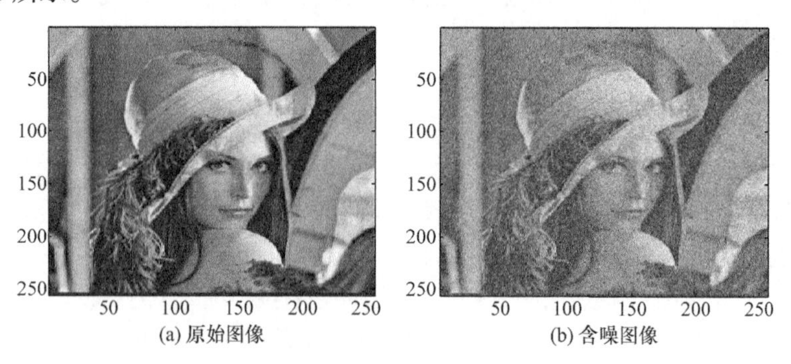

(a) 原始图像　(b) 含噪图像

图 6.6　原始图像及含 20%随机噪声图像

利用自适应 BEMD 方法对图 6.6(b)进行去噪，得到的结果如图 6.7(a)所示。利用同样去噪步骤分别采用未进行端部效应处理的 BEMD 方法和进行镜像闭合处理的 BEMD 方法对含噪图像进行去噪，获得去噪后的图像分别为如图 6.7(b)和图 6.7(c)所示。利用 Wiener 法消噪后结果如图 6.7(d)所示。

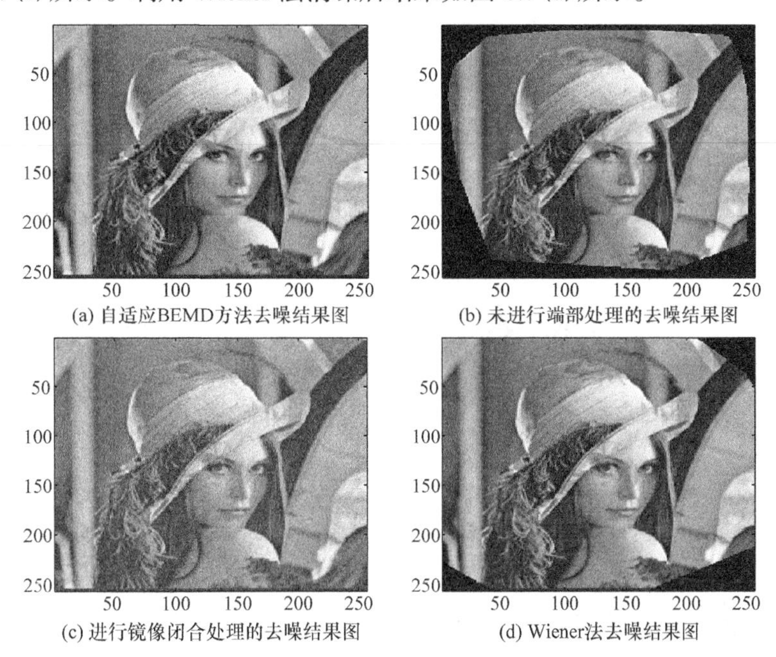

(a) 自适应BEMD方法去噪结果图　(b) 未进行端部处理的去噪结果图

(c) 进行镜像闭合处理的去噪结果图　(d) Wiener法去噪结果图

图 6.7　自适应 BEMD 方法、未进行端部处理的 BEMD 方法、进行镜像闭合端部处理的 BEMD 方法及 Wiener 法去噪结果图

对于利用这四种利用方法得到的去噪图像，虽然均在一定程度上保留了原始的特征信息，但是未经过端部处理的 BEMD 方法破坏端部原始信息，产生了干扰信息，有效信息丢失较为严重。镜像闭合处理的 BEMD 方法尽管对端部信息丢失问题进行了抑制，但仍较为明显。Wiener 去噪方法得到的去噪图像，仍然残留了很多噪声信息，不利于后期图像细节信息分析和处理。而自适应 BEMD 方法不仅解决了 BEMD 方法的端部效应问题，而且最大程度上剔除了噪声信息，更为完整地保留了原始图像的细节、边缘及局部突变信息，从中可以看出自适应 BEMD 方法的优越性。

6.3.4　实际井下环境图像

上述实验是对 Lena 图分别添加多种噪声后，再进行消噪处理，并未对实际含噪图像进行针对性分析。鉴于此，为了进一步验证自适应 BEMD 算法的去噪性能，下面将通过本书课题来源的两个项目中涉及的井下实际采集到的图像进行去噪分析，本书从某矿井下实际采集到含噪图像如图 6.8 所示。

图 6.8　原始图像

因为前述三个实验已经充分说明了自适应 BEMD 方法较未进行端部效应处理的原 BEMD 方法有着极大优势，所以本实验将与其他三种消噪方法（Wiener 法、均值滤波、小波）进行对比，充分展示自适应 BEMD 方法在图像去噪能力上的巨大优势。根据自适应 BEMD 方法对图 6.8 进行去噪，去噪后图像如图 6.9（a）所示。小波去噪结果如图 6.9（b）所示。Wiener 法去噪结果如图 6.9（c）所示。均值滤波去噪结果如图 6.9（d）所示。

(a) 自适应BEMD方法

(b) 小波

(c) Wiener

(d) 均值滤波

图 6.9　自适应 BEMD 方法、小波、Wiener 及均值滤波进行去噪处理后结果图

通过对图 6.9 进行观察分析，可以知道，自适应 BEMD 方法去噪能力最强，小波去噪能力次之，Wiener 去噪能力稍弱，而均值滤波去噪方法能力最差，这也与这四种方法的基本特性相对应。均值滤波方法仅仅是通过传统的均值来消除噪声，基本无法对各类噪声进行有效消除，故最弱；Wiener 去噪方法由于采用了一

种具有某种程度自适应的滤波器，所以某些噪声消除比较干净，但效果上也不尽如人意；小波去噪方法基本能够对各类噪声进行一定程度上消除，综合去噪能力较强，但其只是某种局部自适应图像去噪，无法做到全局自适应消噪，故去噪效果稍差；由于本书所提自适应 BEMD 方法完全从图像自身特性着手去进行消除噪声，充分利用图像本身特征信息和图像含噪特征信息的不同来进行自适应去噪，所以去噪能力最强，保留的边缘信息和细节信息也会更丰富，更加有利于后期图像处理和分析。

6.3.5　分析与讨论

为了从客观上更好地证明本书所提自适应 BEMD 方法消噪功能更为强大，本书还利用峰值信噪比(PSNR)以及均方差(MSE)来对消噪前后图像质量进行评价，对采用本书所提自适应 BEMD 方法及 Wiener 方法等的去噪效果进行对比分析。消噪效果对比如表 6.1 及表 6.2 所示。

表 6.1　四种方法分别对含高斯白噪声、椒盐噪声及 20%随机噪声图像进行消噪处理后相关指标对比表

图像	去噪前 MSE	去噪前 PSNR	去噪后 MSE①	去噪后 PSNR①	去噪后 MSE②	去噪后 PSNR②	去噪后 MSE③	去噪后 PSNR③	去噪后 MSE④	去噪后 PSNR④
含高斯噪声	616.0690	20.2345	373.6457	22.4062	191.3195	25.3132	204.3987	24.0260	256.8759	23.0336
含椒盐噪声	975.8023	18.2372	398.1559	22.1303	62.4882	30.1728	99.9567	28.1327	137.2496	26.7557
含 20%随机噪声	400.4325	22.1055	100.9529	28.0896	3.9677	42.1454	15.9826	36.0943	16.8090	35.8754

注：①Wiener 法；②本书所提自适应 BEMD 方法；③原 BEMD 方法；④镜像闭合处理 BEMD 方法

表 6.2　自适应 BEMD 方法、小波、Wiener 及均值滤波对实际井下图像消噪处理后相关指标对比表

图像	去噪前 MSE	去噪前 PSNR	去噪后 MSE①	去噪后 PSNR①	去噪后 MSE②	去噪后 PSNR②	去噪后 MSE③	去噪后 PSNR③	去噪后 MSE④	去噪后 PSNR④
实际井下环境图像	83.6754	25.3602	32.1496	31.1380	30.9358	33.0259	32.0194	32.0642	32.5267	29.9066

注：①Wiener 法；②本书所提自适应 BEMD 方法；③小波方法；④均值滤波

通过表 6.1、图 6.2～图 6.7 可以知道，未优化 BEMD 方法消噪效果不尽如人意，虽然去噪后图像较之前图像信噪比得到显著提高，但其丢失了更多的边缘及细节信息，未能达到令人满意的结果。通过改进 BEMD 方法尽管对端部效应进行较大抑制，但相对于本书所提自适应 BEMD 消噪方法，其消噪能力仍有待于进一步提升。利用 Wiener 方法对这三种含噪图像进行去噪结果表明，该方法必须经过大幅度提升才能达到改进 BEMD 方法所显示的去噪效果，而且其去噪图像的信噪比提高程度较少，同时存在忽略图像边缘信息、细节信息及局部突变信息等问题。尽管其在消除随机噪声中效果更为明显，但仍弱于镜像闭合处理 BEMD 方法的去噪效果。本书所提自适应 BEMD 方法得到的去噪图像信噪比较其他三种方法有明显提升，而且其对于含随机噪声图像的去噪效果尤为满意，相对于其他含噪图像的消噪结果，信噪比提升幅度尤为明显，是对本节所提的完全具有数据驱动去噪方法的一种客观上的验证和体现。这是因为一般图像都不同程度蕴含噪声信号，而这些噪声都是随机的、不确定的，所以本书所提自适应 BEMD 方法消噪效果最好。

将本书所提自适应 BEMD 方法应用到图像消噪当中，结果表明本书所提自适应 BEMD 方法消噪能力极强，可最大程度上消除噪声信号，得到真实图像信号。这其中也是由于噪声信号一般出现在高频部分，通常蕴含于图像进行分解过程获得的第一个 BIMF 分量。如此多次重复，最后得到的第一个 BIMF 基本上都是噪声信息，几乎没有原始图像细节的涵盖。通过对加入不同类型噪声图像的实验发现，在所给出的分解过程中，往往最后一次 BEMD 分解得到的第一个 BIMF 蕴含噪声信息，而此时的 BIMF 未含有更多原始图像信息，这样将其剔除是一种较为满意的选择。

对加入高斯白噪声、椒盐噪声及随机噪声的图像进行消噪，可以知道，尽管本书当中提到的四种去噪方法均在一定程度剔除噪声信息，保留原始图像特征信息，但自适应 BEMD 方法尤为明显，不论是在端部效应、模式混叠处理，还是在去噪后图像的边缘信息、局部突变信息及细节信息保留上，都能发挥很好的性能，而且本书自适应 BEMD 方法在对含随机噪声的图像去噪效果最为突出，这是因为随机噪声是完全随机，而 BEMD 方法具有高度数据驱动的完全自适应性，故本书提出自适应 BEMD 方法去噪最为彻底，保留的原始图像各类细节信息、边缘信息也更为丰富，而高斯白噪声和椒盐噪声带有微弱的规律性，其去噪效果相对较差，但较其他三种方法的去噪能力仍有不俗的表现。

通过表 6.2、图 6.8 和图 6.9 发现，利用小波方法及 Wiener 方法进行去噪，尽管去噪后图像信噪比得到了较大提升，也在较大程度上去除了图像的噪声，但图像细节信息、边缘信息都有不同程度丢失。利用均值滤波方法进行去噪后，去噪性能较其他三种方法明显偏低，也就是说其去噪效果较其他三种方法较差，不能对图像中的噪声进行有效消除，而且其忽略了更多的细节信息以及边缘信息。本书所提自适应 BEMD 方法得到的消噪图像，在峰值信噪比和均方差指标上较其他三种方法都具有极大优势，而且其能够更好地保留噪声图像中蕴含的丰富细节信息和突出信息，去噪后图像中已难寻到噪声痕迹，说明去噪效果极为彻底。去噪后图像峰值信噪比提升幅度也较为明显，从客观上进一步验证了自适应 BEMD 方法对实际环境含噪图像的去噪能力和优势，也是对自适应 BEMD 方法在自适应性方面的一种进一步体现和验证，同时说明本书方法完全适应现实各类工程图像去噪处理。

6.4　GA-SIFT 算法基本原理

特征提取技术已广泛应用到计算机视觉、遥感数据处理与分析、医学图像处理、雷达图像目标跟踪和数字地图定位等领域。依据信息利用形式不同可将其分为基于变换域、基于灰度信息和基于特征的三类方法。第一类方法对全局的照度变化不敏感，抗干扰能力较强，对于图像间的平移和旋转特征匹配效果较好，但其计算量非常大，实际应用较难。第二类方法实现简单，无须对图像进行复杂预处理，但其无法对图像非线性变形特征信息进行提取，而且计算量极大。相比其他两种方法，最后一类方法计算量小，可靠性高，适应性强。在这类特征提取方法中，尺度不变特征转换(scale invariant feature transform，SIFT)算法具有较强的鲁棒性，能提取出大量的特征信息的独特优点得到了更多学者地关注。SIFT 算法由 Lowe 在 1999 年首次提出其雏形，并于 2004 年得到完善。正是其具有的不变性和稳定性使其被运用到诸多领域(如对象识别[177]、视频目标跟踪[178]、图像拼接[179])。虽然其取得了良好的发展，但算法复杂度高易导致维数灾难等问题。同时，SIFT 算法也并不完全具有仿射不变性。针对这些问题，相关学者提出了其改进算法，例如，Ke 和 Sukthankar[180]于 2004 年提出的 PCA-SIFT 算法，主要通过 PCA 方法来对算法进行降维处理，虽然解决了维数灾难及计算效率低问题，但是牺牲了特征提取性能；Bay 等提出的 SURF 算法，虽然在计算速度上得到了一定提高，但在尺度和旋转变换性能上较 SIFT 算法有所下降。这些改进算法尽管提高了原有算法的某些性能，但同时也显著降低了其他特性，相关问题并未得到实质解决。

基于上述分析，并结合本书提出的自适应 BEMD 方法，构建一种具有良好算法性能的特征提取算法，主要思路为：先利用本书提出的自适应 BEMD 方法进行图像分解，得到多个 BIMF 分量；再通过优化参数的 SIFT 算法分别对多层图像进行特征提取；最后累加各层图像特征信息。由于二维经验模式具有高度自适应特性，通过它对原图像进行分解后，得到的多个 BIMF 分量(即多层图像)是原图像特征信息的真实反映，换言之，也就是分解得到的 BIMF 分量具有一定规律特性，这样在之后的 SIFT 特征提取也变得更加容易和准确，得到最能表达图像信息的特征组合。本书的 6.4 节介绍本书提出的 GA-SIFT 特征提取算法，6.5 节说明本书提出的

GA-SIFT 特征提取算法具体实现思路，6.6 节对提出的算法进行实例分析。

GA-SIFT 算法基本步骤为：①构建待处理图像尺度空间，并提取极值点；②利用回归函数对图像内特征点定位，并剔除稳定性、对比度较低点；③确定所有特征点主方向参数；④利用 GA 方法对步骤③参数进行寻优，得到最优化参数；⑤建立其描述符，根据描述符进行匹配。

6.4.1 尺度空间极值点提取

SIFT 方法是通过尺度空间来对图像信号所具有的多尺度特征进行模拟，进而得到尺度变换的高斯卷积核。于是，对于任一图像，其在尺度空间内的函数，定义为

$$L(x,y,\sigma)=G(x,y,\sigma)*I(x,y) \tag{6.10}$$

式中，$I(x,y)$ 代表待处理图像，“*”代表卷积，$G(x,y,\sigma)$ 代表卷积核可变高斯函数，可表示为

$$G(x,y,\sigma)=\frac{1}{2\pi\sigma^2}\exp\left(\frac{(x^2+y^2)}{2\sigma^2}\right) \tag{6.11}$$

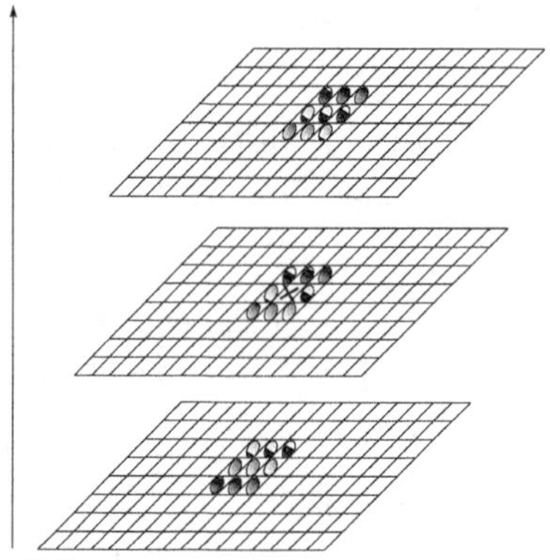

Lowe 利用高斯差分函数（difference of Gaussian，DoG）与原图像卷积运算得到特征点准确位置，进而构建高斯差分尺度空间。高斯差分函数定义为

$$\begin{aligned}D(x,y,\sigma)&=(G(x,y,k\sigma)-G(x,y,\sigma))\\&\quad *I(x,y)\\&=L(x,y,k\sigma)-L(x,y,\sigma)\end{aligned} \tag{6.12}$$

式中，k 代表空间变化阶数，$k>0$。

图 6.10 尺度空间内提取极值点基本原理图

此时，同尺度内像素点与相邻点对比，并且与同位置相邻尺度对比，进而得到尺度空间内的极值点，具体如图 6.10 所示。具体到此图中，叉号需要与其所在尺度及相邻尺度的 26 个像素点进行对比，如果此叉号为极值点，那么就将其标注为候选特征点。

6.4.2 极值点准确定位

利用 3.4 节的优化支持向量机对已经得到的候选极值点进行前期拟合，并剔除偏离很大的候选极值点，进而得到特征点尺度和具体位置，并删去稳定性低、对比度低的极值点，提高特征点利用率。此时再利用泰勒二阶级数展开所有特征

点，具体为

$$D(X)=D+\frac{\partial D^{\mathrm{T}}}{\partial X}X+\frac{1}{2}X^{\mathrm{T}}\frac{\partial^2 D}{\partial X}X \tag{6.13}$$

式中，$X=(x,y,\sigma)$，于是，式(6.13)所得极值点信息如下式所示：

$$\widehat{X}=-\frac{\partial^2 D^{-1}}{\partial X^2}\frac{\partial D}{\partial X} \tag{6.14}$$

将式(6.14)代入式(6.13)，可得

$$D(\widehat{X})=D+\frac{1}{2}\frac{\partial D^{\mathrm{T}}}{\partial \widehat{X}}\widehat{X} \tag{6.15}$$

若$\left|D(\widehat{X})\right|$低于设定闭值，那么得到的特征点是不稳定的，需要进行剔除处理。这是因为候选特征点是通过泰勒二阶级数展开，故$\widehat{X}$代表它偏离候选特征点的尺度及位置差。如果偏离项中有大于 0.5 的情况存在，那么就要将其调为下一个临近值。这样才能得到候选极值点的精确尺度以及位置信息。

由于 DoG 函数具有边缘效应，如果待处理图像含有噪声，那么 DoG 函数就可以检测到虚假边缘点，此时必须剔除。具体方法：先对所有候选特征点计算其 Hessian 矩阵，具体为

$$H=\begin{bmatrix} D_{xx} & D_{xy} \\ D_{xy} & D_{yy} \end{bmatrix} \tag{6.16}$$

因为此矩阵与候选特征点位置的两主曲率成正比关系，故这两主曲率关系只需通过确定 Hessian 矩阵所含两个特征值关系即可。我们假定α,β分别为 Hessian 矩阵的两个特征值，于是有

$$\begin{cases} \mathrm{Tr}(H)=D_{xx}+D_{yy}=\alpha+\beta \\ \mathrm{Det}(H)=D_{xx}D_{yy}-(D_{xy})^2=\alpha\beta \end{cases} \tag{6.17}$$

令$\alpha=w\beta$，代入式(6.17)，可得

$$\frac{\mathrm{Tr}^2(H)}{\mathrm{Det}(H)}=\frac{(\alpha+\beta)^2}{\alpha\beta}=\frac{(w\beta+\beta)^2}{w\beta^2}=\frac{(w+1)^2}{w} \tag{6.18}$$

式中，若$\alpha=\beta$，那么此时可取最小值，并与w成正比关系。w越大，Hessian 矩阵两个特征值差异也越大，此时候选特征点的两主曲率差异性也越大，故此候选特征点是边缘点，达到一定条件，需进行剔除处理。

6.4.3　特征点主方向确定

对候选特征点一定范围内的相邻点的梯度及方向进行统计分析，选取候选特征点的合适方向作为主方向，这样特征点就具有局部旋转不变特性。具体梯度及

方向表示为

$$m(x,y)=\sqrt{(L(x+1,y)-L(x-1,y))^2+(L(x,y+1)-L(x,y-1))^2} \tag{6.19}$$

$$\theta(x,y)=\arctan\left(\frac{L(x,y+1)-L(x,y-1)}{L(x+1,y)-L(x-1,y)}\right) \tag{6.20}$$

式中，$L(x,y)$表示特征点的像素点灰度值。

确定候选特征点主方向的基本步骤如下所示。

(1)选取某个候选特征点作为中心，作一个窗口，其大小为8×8，对这个窗口内像素点所具有的梯度方向进行直方图统计。

(2)确定梯度直方图的范围。其包含 0～360°，总计 36 个方向，每个方向均为10°。

(3)计算直方图。计算过程中需要由高斯核来进行加权处理，具体为对特征点所在尺度 1.5 倍的高斯窗进行加权处理，减少窗内边缘点对其影响，如图 6.11 所示。在这个图中特征点主方向用峰值表示，为了更有效地进行匹配操作，必须人为提高峰值，其峰值高于主方向峰值的70%作为对应方向所在特征点的辅助方向。所以在同一个尺度和位置的候选特征点一般都有多个方向，具体如图 6.12 所示。

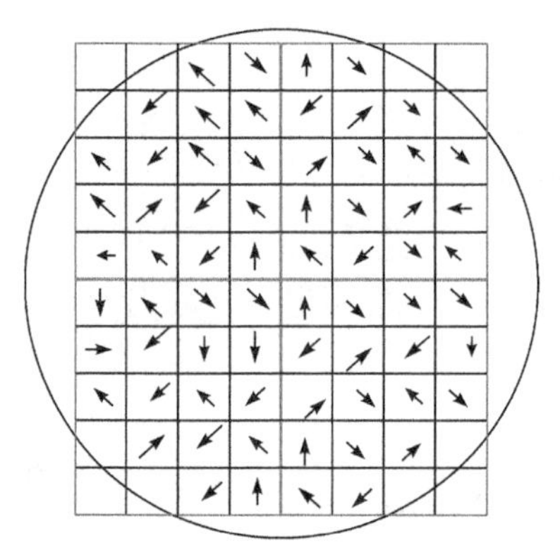

图 6.11　特征点邻域梯度信息

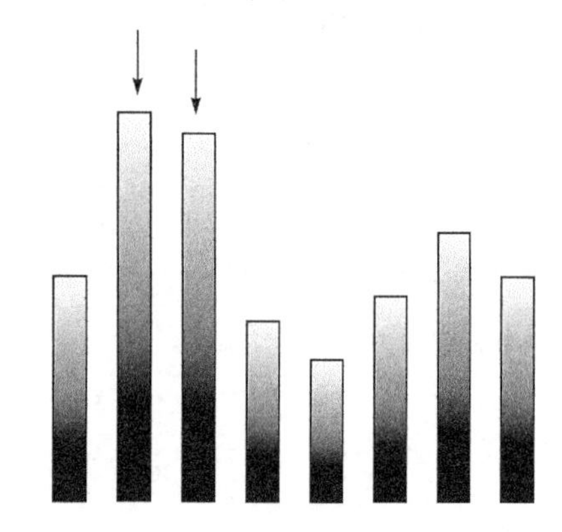

图 6.12　梯度方向直方图

6.4.4　生成 SIFT 描述符并进行特征匹配

利用 6.4.1 节～6.4.3 节内容计算得到所有候选特征点的位置、主方向和尺度信息。下面就需要构建这些特征点的描述符，它必须具备鲁棒性和独特性，这样才能为后期匹配操作奠定基础。

128 维特征向量是依据特征点邻域内像素点梯度信息建立的，进而得到特征描述符，并用其对稳定特征点进行描述，再在此尺度内将此点作为中心构建 4×4 个子区域，以此计算所有子区域内 8 个方向的梯度方向直方图，最后建立 4×4×8=128 维特征向量，即 SIFT 特征描述符，具体如图 6.13 所示。

(a) 特征点邻域梯度信息

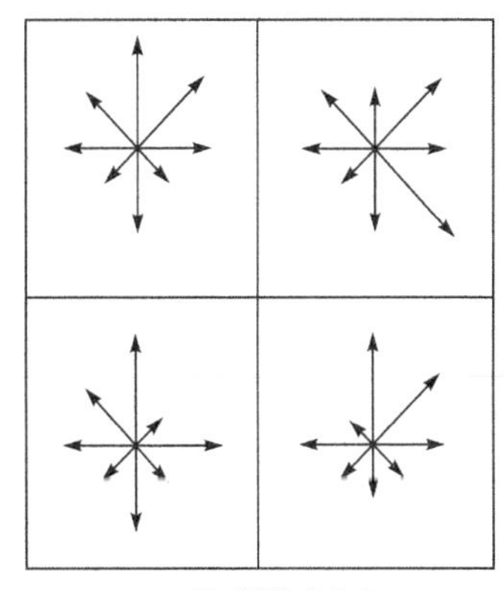

(b) 子区域梯度方向

图 6.13　确定特征点描述符

两幅图像的 SIFT 特征描述符确定后，就需要利用欧氏距离来对这两幅图像的特征点进行相似性度量。首先在基准图像中设定一个特征点，再在待匹配图像中获取与此点最近欧氏距离或较次近欧氏距离的特征点，分别用 D_{FirMin} 和 D_{SecMin} 表示。如果其比值低于设定阈值 matchTreshold(式(6.21))，那么就将基准图像和待匹配图像中的特征点相距最小的点对当成匹配点对[129-131]。

$$\frac{D_{\text{FirMin}}}{D_{\text{SecMin}}} \leqslant \text{matchTreshold} \tag{6.21}$$

6.4.5　参数遗传算法寻优

本书利用遗传算法来对 SIFT 算法参数进行寻优操作，使得参数最优化，具体步骤如下所示[181]。

(1) 确定遗传算法编码方式。

(2) 生成初始种群。

(3) 计算适应度函数 $f(x_i)$，x_i 代表种群 x 第 i 个染色体。

(4) 将步骤(3)的适应度值累加，用 $\text{sum} = \sum f(x_i)$ 表示，同时对所有染色体中间累加值 S-mid 进行记录，其中 S 为总数目。

(5) 产生一个随机数 N，$0<N<\text{sum}$。

(6) 选择相应的中间累加值 $S\text{-mid} \geqslant N$。

(7) 重复步骤(5)及(6)，直到拥有足够多的染色体为止。

(8) 任意选择两个步骤(7)中产生的染色体，对染色体进行单点杂交和两点杂交，获得一个或多个基因，从而得到新的染色体。

(9)通过各类随机因素使得基因突变并进行运算，进而得到改变遗传基因值。

(10)通过步骤(1)～步骤(9)获得 SIFT 算法中如方向参数、所处尺度等参数优化信息，遗传算法寻优结束。

6.5 自适应 BEMD-GA-SIFT 算法的图像特征提取

基于 6.4 节理论及本书提出的自适应 BEMD 算法构建基于 BEMD-GA-SIFT 的图像特征提取算法。其基本包含本书提出的自适应 BEMD 分解和 GA-SIFT 算法特征提取。BEMD 分解过程是通过本书提出的算法对待处理图像处理，得到多个 BIMF 分量及趋势项。而 GA-SIFT 算法则是对 BIMF 分量及趋势项进行特征提取。最后，将所有 BIMF 分量及总体趋势得到的特征提取信息进行合成和累加，得到最终的原始图像所有特征信息。本特征提取模型的基本原理如图 6.14 所示。

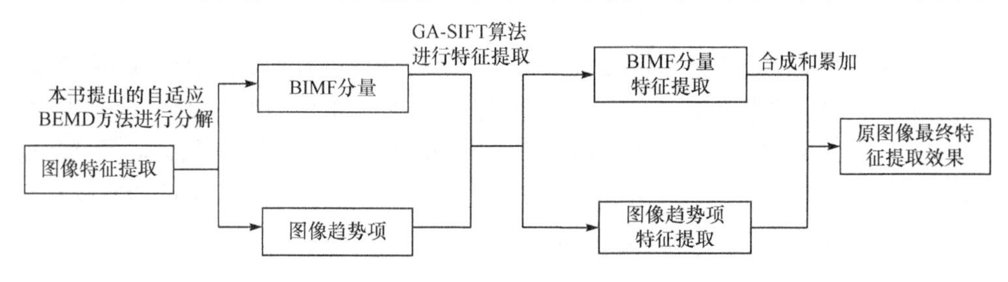

图 6.14　BEMD-GA-SIFT 算法基本原理图

基于自适应 BEMD-GA-SIFT 算法的图像特征提取基本步骤如下所示。

(1)利用提出的自适应 BEMD 方法对原图像 $f(x,y)$ 分解，得到多个 BIMF 分量和残差项，具体为

$$f(x,y)=\sum_{k=1}^{K}\mathrm{bimf}_k(x,y)+r_K(x,y) \tag{6.22}$$

(2)利用 GA-SIFT 算法对 BIMF 分量及趋势项进行特征提取。此步骤最核心的是保证特征点旋转不变性，因为关键点描述代表方向相关性。故假设某个高斯图像关键点、梯度、方向分别表示为 $L(x,y,\sigma)$ 、$m(x,y)$ 和 $\theta(x,y)$ ，那么相邻像素计算公式为

$$m(x,y)=\sqrt{(L(x+1,y)-L(x-1,y))^2+(L(x,y+1)-L(x,y-1))^2} \tag{6.23}$$

$$\theta(x,y)=\arctan\left(\frac{L(x,y+1)-L(x,y-1)}{L(x+1,y)-L(x-1,y)}\right) \tag{6.24}$$

(3)根据步骤(2)提取得到的特征信息，进行合成和累加，得到原始图像最终的所有特征信息。

6.6　自适应 BEMD 分解多尺度协调与融合

6.6.1　自适应 BEMD 分解过程多尺度协调

由于自适应 BEMD 是基于数据驱动的自适应图像分解算法，故通过自适应 BEMD 分解得到多个 BIMF 和趋势项更能反映图像自身特性，适合后期图像融合操作。融合过程中往往需要对多幅原始图像进行多尺度融合，若对这些待分解图像进行单独 BEMD 分解，而不对这些分解过程进行协调，那么各自分解得到的 BIMF 和趋势图像往往差异性会较大，最后其融合后得到的图像质量可能比较差。换言之，就是在图像融合时，必须对各自 BEMD 分解过程进行必要的协调操作，来解决这一问题。

在BEMD对多幅图像进行分解过程中，对分解过程中的极值点进行协调操作。下面将针对两幅图像融合过程中的极值点协调操作作具体说明。

根据本书提出的自适应 BEMD 算法对待融合的两幅图像(分别用 X 和 Y 来表示)分解过程中都会提取得到极值点。本书以极大值点为例进行说明，假定 X 图像的极大值为 $\{X(x_1),X(x_2),\cdots,X(x_s)\}$，$Y$ 图像的极大值为 $\{Y(y_1),Y(y_2),\cdots,Y(y_t)\}$。在此将这两类极大值对应位置进行合并，即

$$\begin{aligned} &Z_1=\{x_1,x_2,\cdots,x_s\},Z_2=\{y_1,y_2,\cdots,y_t\} \\ &Z=Z_1\cup Z_2=\{z_1,z_2,\cdots,z_v\} \end{aligned} \tag{6.25}$$

此时，经过这个协调处理后 X 图像的极大值为 $\{X(z_1),X(z_2),\cdots,X(z_v)\}$，$Y$ 图像的极大值为 $\{Y(z_1),Y(z_2),\cdots,Y(z_v)\}$。类似地，可以获得协调后的 X 和 Y 图像极小值点集。

对原始图像的极值点进行协调操作，相当于匹配两幅图像自适应基函数，使得它们拥有共同的自适应基函数。这样多幅图像经过自适应 BEMD 分解后得到的 BIMF 分量和趋势项的物理特征就具有相似性，满足了图像融合对于多尺度的要求。这些具有相似的特征信息就会各自进行融合，实现多尺度融合，最后得到融合图像，故得到融合图像质量也将会明显提高。

6.6.2　自适应 BEMD 分解过程 BEMF 个数多尺度协调

由于两幅图像经过 BEMD 分解后得到的 BIMF 个数不一定相同，因此相对应的 BIMF 频率也可能存在较大差异，如果直接进行融合，其效果往往不理想。针对这一缺点，我们提出 m-BIMF 的定义，即分解得到的相邻 BIMF 重新构造成新的 BIMF。定义如下：

$$\text{m-BIMF} = \sum_{i=m}^{n} \text{BIMF}_i \tag{6.26}$$

一个 m-BIMF 是由多个 BIMF 所组成。由于 BEMD 分解得到的 BIMF 是一个从高频到低频的过程，因此 m-BIMF 也是一个从高频到低频的分布特点。例如，第 1 和第 2 个 BIMF 相加，构成了最高频的 m-BIMF_1；第 3 和第 4 个 BIMF 相加，构成了次高频的 m-BIMF_2，以此类推。则原图像可以表示为

$$f(x,y) = \sum_{j=1}^{J} \text{m-BIMF}_j + \text{res} \tag{6.27}$$

式中，$f(x,y)$ 代表待处理图像，J 表示 m-BIMF 的个数，res 表示分解趋势项或残量。

6.6.3　基于自适应 BEMD 的多尺度自协调图像融合原理

基于自适应 BEMD 的多尺度自协调图像融合分为两个阶段：一是自适应 BEMD 图像分解阶段；二是图像多尺度自协调融合阶段。在分解过程中，需要将待分解图像利用 6.6.2 节理论对其提取得到的极值点进行协调处理，以此保证最后分解得到的 BIMF 特征一致性和整体趋势项。而在融合阶段，需要通过构造 m-BIMF，来解决待融合图像分解得到的 BIMF 个数不一致的问题，然后按照一定融合规律使得图像特征信息得到加强和整合，得到更为清晰的融合图像，其基本思路如图 6.15 所示。

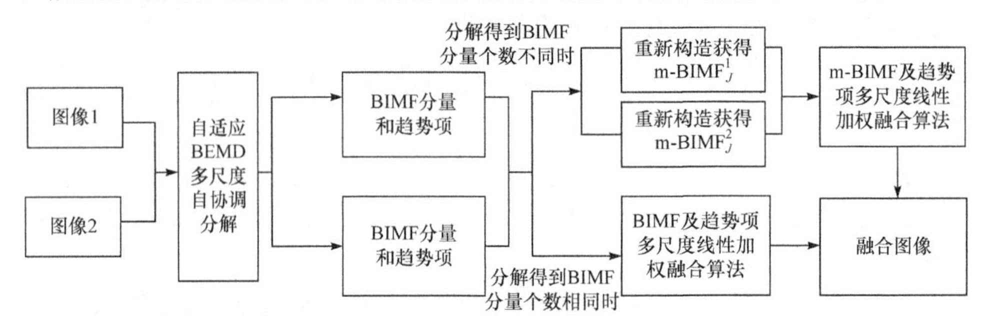

图 6.15　基于自适应 BEMD 的多尺度自协调图像融合原理图

本章提出图像融合模型的基本思路如下所示。

(1) 利用本书提出的自适应 BEMD 方法分别对待融合图像 X, Y 分解，图像筛分过程中提取得到的极值点通过本章提出的处理方法进行协调处理，得到若干 BIMF 分量与趋势项。

$$f_X(x,y) = \sum_{i=1}^{n} C_{Xi}(x,y) + r_X(x,y) \tag{6.28}$$

$$f_Y(x,y) = \sum_{i=1}^{n} C_{Yi}(x,y) + r_Y(x,y) \tag{6.29}$$

式中，$C_{Xi}(x,y)$ 代表分解得到的 BIMF 分量，$r_X(x,y)$ 代表趋势项。

(2)待融合两幅图像经过自适应 BEMD 分解得到 BIMF 分量个数若不一致，则需要将相邻的 BIMF 分量重新构造成一个新的 m-BIMF 分量。设定共同 m-BIMF 个数为 n，从而使得两幅图像分解得到 BIMF 变为一致，于是原图像可以表示为

$$f_X(x,y)=\sum_{j=1}^{J}\text{m-BIMF}_{Xj}+\text{res}_{XJ} \tag{6.30}$$

$$f_Y(x,y)=\sum_{j=1}^{J}\text{m-BIMF}_{Yj}+\text{res}_{YJ} \tag{6.31}$$

(3)根据步骤(2)得到 n 个 m-BIMF 分量在同一尺度空间权重，融合过程中采用线性加权处理，具体原则为

$$F(x,y)=\sum_{j=1}^{m}(\alpha_{Xj}\cdot(\text{m-BIMF}_{Xj})+\alpha_{Yj}\cdot(\text{m-BIMF}_{Yj})) \tag{6.32}$$

式中，α_{Xj} 和 α_{Yj} 分别代表原图像 X、Y 各个分量进行融合加权处理的系数。

鉴于重新构建的 m-BIMF 分量进行线性加权融合过程中的加权系数如何体现本来分量所包含的原始图像的特征信息比重这个情况，本书提出一个可以充分体现各个分量特征信息的线性加权方法，这就是先计算每个重新构造得到的 m-BIMF 所具有的信息熵，再对各自尺度空间的信息熵进行对比分析，进而计算得到相应频段上所应该具有的权重。信息熵计算方法如下所述：

$$H=\sum_{i=0}P_i\ln P_i \tag{6.33}$$

式中，P 为每个像素概率值，H 为信息熵。m-BIMF 分量所对应的权重为

$$\alpha_{Xi}=\frac{H_{Xi}}{H_{Xi}+H_{Yi}} \tag{6.34}$$

$$\alpha_{Yi}=\frac{H_{Yi}}{H_{Xi}+H_{Yi}} \tag{6.35}$$

通过上式就可以计算得到相应 m-BIMF 分量的融合系数。

(4)利用步骤(3)融合方法对残量进行融合。

(5)对步骤(1)～步骤(4)融合得到 m-BIMF 和趋势项 res，再利用式(6.5)进行逆变换，进而得到融合后的最终图像。

6.7　基于自适应 BEMD-GA-SIFT 算法图像特征提取实例分析

6.7.1　实验一

为了更好地证明本书提出的特征提取算法性能优势，本实验对象来自于英国

图 6.16　最初人脸识别对象

剑桥大学的 ORL 人脸图像数据库。数据库包括 40 多种面部表情的灰色图像，每个面孔有十组图像组成。这些图像包括了不同表情和姿势，能够充分反映人脸特征信息，研究对象如图 6.16 所示。

实验环境如下：酷睿双核，主频 2.5GHz，3GB 内存，512MB 显存，Win7 操作系统，MATLAB 2008a。首先在该环境下利用本书提出的自适应 BEMD 算法对图 6.16 进行分解，得到两个 BIMF 和一个趋势项，具体如图 6.17 所示。可以看出，BEMD 分解得到的第一个 BIMF 分量(BIMF1)能够较好地继承原图像总体信息，得到的第二个 BIMF 分量(BIMF2)更好地保留了原图像的细节信息和边缘信息。通过分解后得到的 BIMF 分量和趋势项可以为下一步的特征提取奠定良好的基础，这是因为分解过程中更好地保留和继承了原始图像的特征信息、细节信息和边缘信息，从而避免了丢失图像特征信息的可能性。

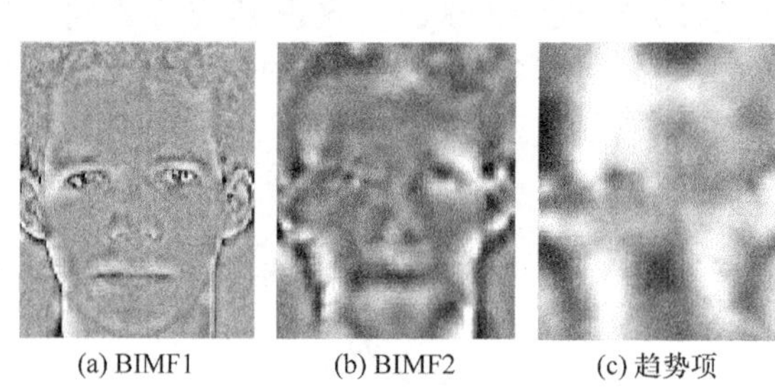

(a) BIMF1　(b) BIMF2　(c) 趋势项

图 6.17　本书提出的自适应 BEMD 方法分解得到的 BIMF 和趋势项

利用 GA-SIFT 算法对分解得到的 BIMF 和趋势项进行特征提取，结果如图 6.18 所示。通过图 6.18 可以知道，BIMF1 保留了原始图像的主要特征信息，BIMF2 及趋势项更多地保留了原始图像的细节信息和边缘信息。

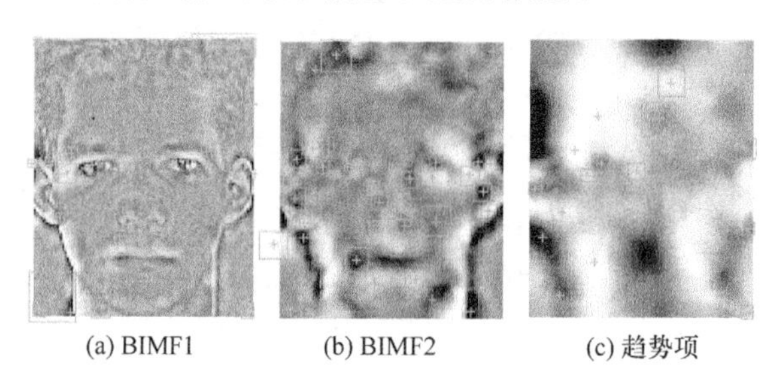

(a) BIMF1　(b) BIMF2　(c) 趋势项

图 6.18　利用 GA-SIFT 算法对分解得到的 BIMF 分量与趋势项进行特征提取示意图

对于分别进行特征提取得到的特征信息进行合成和累加，得到原始图像的所有特征信息，并与单独使用 SIFT 算法对人脸图像进行特征提取进行对比，对比图如 6.19 所示。可以知道，利用本书提出的 BEMD-GA-SIFT 算法提取得到的特征信息明显多于仅利用 SIFT 算法提取得到的特征信息，这些主要体现在突出信息、细节信息和边缘信息上。

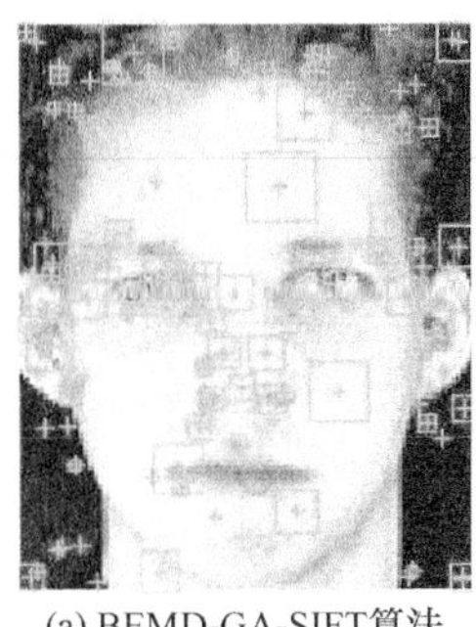

(a) BEMD-GA-SIFT算法

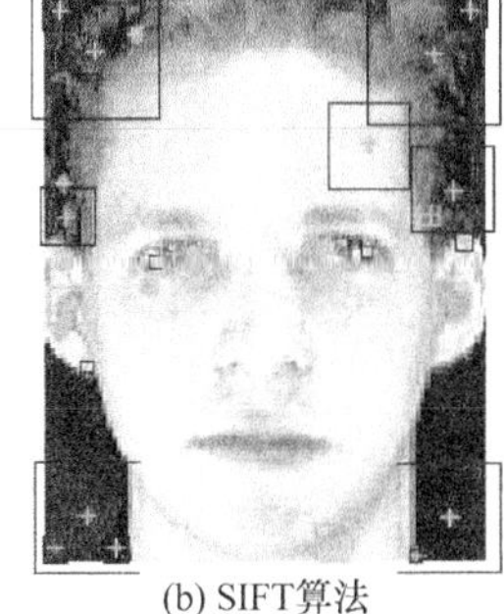

(b) SIFT算法

图 6.19 两种特征提取算法对比图

此外，为了更好地证明 BEMD-GA-SIFT 方法的优势，下面将就具体提取得到的特征点数目及计算效率进行对比分析，利用 Harris、SURF 算法分别对这些图像进行特征提取，提取得到特征点个数及计算时间如表 6.3 所示。

表 6.3 三种算法特征检测结果

算法类型	特征点个数	计算时间/s
Harris	98	0.128
SURF	109	0.121
BEMD-GA-SIFT	129	0.113

我们通过分析表 6.3 可以知道，BEMD-GA-SIFT 算法不仅所需计算时间最少，而且提取得到的特征点最为丰富和完整。SURF 算法提取的特征点也较为丰富，计算时间也较短。Harris 算法不论是计算时间，还是得到的特征点个数，均是效果最差的。

6.7.2 实验二

本书从 ORL 人脸数据库选取 300 个样本，200 个作为样本训练，剩余 100 个样本进行测试。首先利用 GA-SIFT 算法对选取样本进行训练，建立特征数据库；

然后利用特征数据库来识别100个测试样本。为了证明本书提出的特征提取算法的良好优势，利用BEMD-GA-SIFT算法和SIFT算法对这100个测试样本进行人脸识别，具体结果如表6.4所示。

表6.4　BEMD-GA-SIFT算法和SIFT算法分别进行人脸识别对比表

算法类型	识别照片	正确识别照片数	识别准确率/%	计算时间/min
SIFT	100	86	86	17.8
BEMD-GA-SIFT	100	94	94	12.2

为了验证BEMD-GA-SIFT算法在光照变化、图像旋转、图像尺度变换情况下的可靠性，对原样本分别从这三个方面进行调整，然后分别利用BEMD-GA-SIFT算法和SIFT算法进行特征提取，结果如表6.5所示。

表6.5　使用BEMD-GA-SIFT算法和SIFT算法对经过光照变化、旋转和尺度变换后的人脸数据进行识别情况表

算法名称	识别照片	正确识别照片数	识别准确率/%	计算时间/min
SIFT	100	78	78	19.3
BEMD-GA-SIFT	100	90	90	13.4

通过表6.4可以知道，BEMD-GA-SIFT算法识别效果更好，这是因为通过本书提出的BEMD方法分解后得到的BIMF分量更多地保留原始图像的某类细节和边缘信息，为后期图像特征提取奠定基础。通过表6.5可以知道，通过对原始图像进行光照、旋转和尺度变换后，两种算法的识别准确率均有所下降。BEMD-GA-SIFT算法的识别准确率虽然降低了，但是降低程度很低，仍可以满足识别要求，而且计算速度也较SIFT算法有着明显优势。

6.7.3　实验三

为了进一步证明BEMD-GA-SIFT算法的优势，将BEMD-GA-SIFT方法与传统SIFT算法、SURF算法在尺度不同、视角不同及模糊情况下进行特征提取再匹配比对试验。为了更为准确地判断BEMD-GA-SIFT算法性能，本书使用Mikolajczyk提出的方法，通过正确匹配率、计算复杂度来对算法的性能进行验证。

本书的测试图像来自于标准测试图像库及实际拍摄的相关图像，所有图像的分辨率都是512×512。在不同情况下分别利用这三种算法进行特征提取并匹配，结果如图6.20～图6.22所示，性能统计结果如表6.6～表6.8所示。

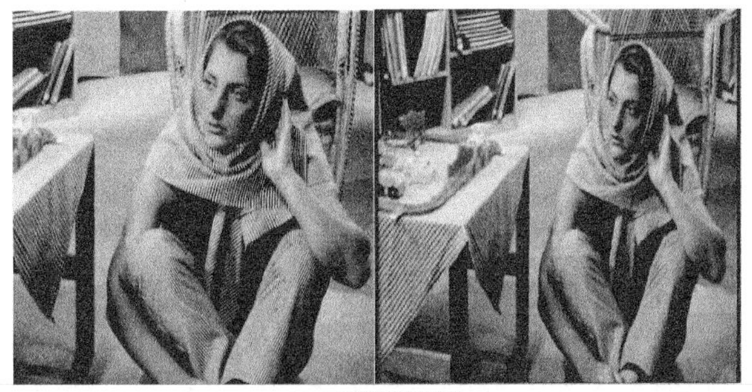

(a) 需要测试图像

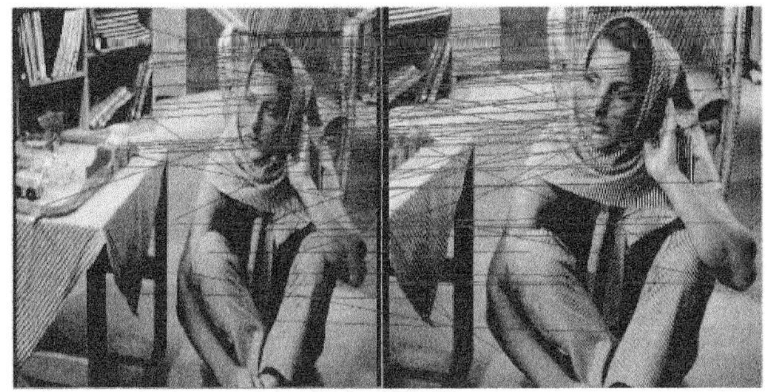

(b) SIFT算法

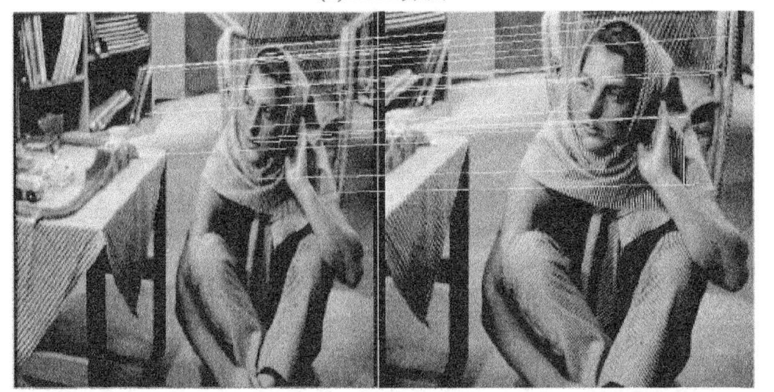

(c) SURF算法

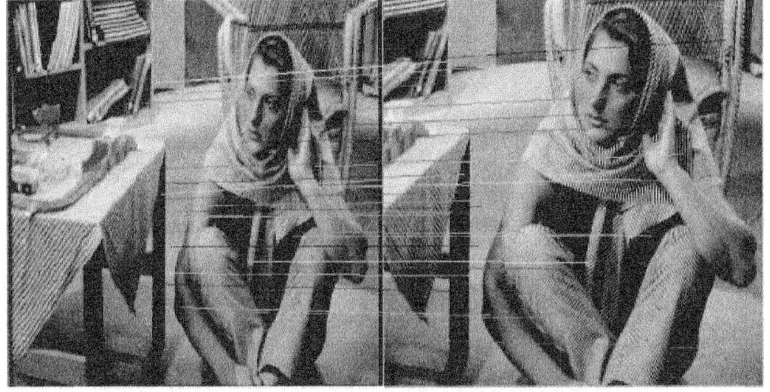

(d) BEMD-GA-SIFT算法

图 6.20　尺度不同情况下三种算法匹配结果图

(a) 需要测试图像

(b) SIFT算法

(c) SURF算法

(d) BEMD-GA-SIFT算法

图 6.21　视角不同情况下三种算法匹配结果图

(a) 需要测试图像

(b) SIFT算法

(c) SURF算法

(d) BEMD-GA-SIFT算法

图6.22　模糊情况下三种算法匹配结果图

表 6.6　尺度变化下的匹配对比

算法类型	特征点个数	计算时间/s	总匹配点数	正确匹配点数	正确匹配率/%
BEMD-GA-SIFT	3598	3653.2	77	32	42
SIFT	3326	4738.3	109	29	27
SURF	2857	3720.1	49	19	39

表 6.7　视角变化下的匹配对比

算法类型	特征个数	计算时间/s	总匹配点数	正确匹配点数	正确匹配率/%
BEMD-GA-SIFT	3865	3709.2	89	45	51
SIFT	3782	4508.4	116	35	30
SURF	3103	3609.6	89	31	35

表 6.8　模糊变化下的匹配对比

算法类型	特征个数	计算时间/s	总匹配点数	正确匹配点数	正确匹配率/%
BEMD-GA-SIFT	4209	3902.3	89	56	63
SIFT	4019	4707.3	129	49	38
SURF	3830	3802.4	108	43	40

将图 6.20～图 6.22 分别编号为 1～3,那么可以获得这三种算法正确匹配率对比分析图，如图 6.23 所示。

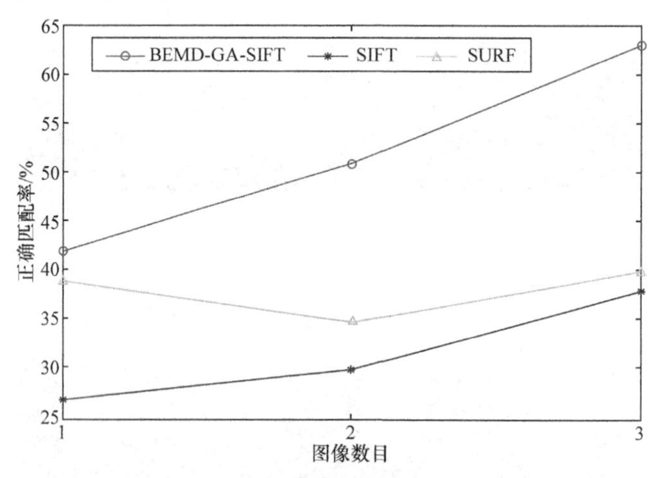

图 6.23　三种算法正确匹配率统计图

通过图 6.20～图 6.22 可以知道，对于尺度不同、视角不同、模糊等情况，BEMD-GA-SIFT 算法体现了较为优越的性能，不论是特征点检测数量、可靠性，还是后期正确匹配率方面，都明显优于其他两种算法。本章还对这三类算法计算时间进行对比分析，结果如图 6.24 所示。通过图 6.24 可以知道，BEMD-GA-SIFT 算法计算时间较其他两种算法更少，这也进一步验证了 BEMD-GA-SIFT 算法计算效率上的优势。

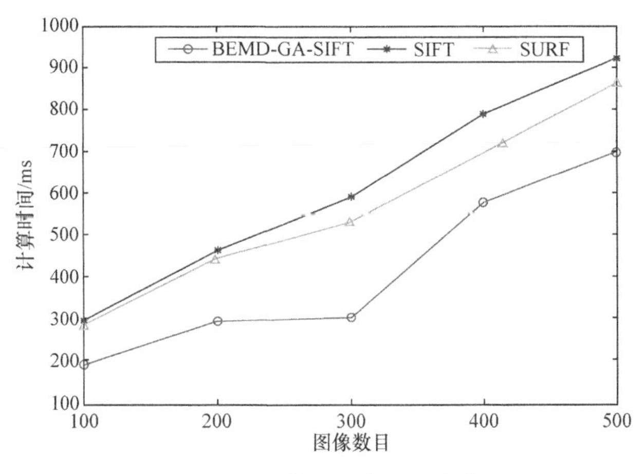

图 6.24　三种算法计算时间统计图

本章提出的 BEMD-GA-SIFT 特征提取算法,不仅能够满足图像特征提取的准确性和可靠性的要求，而且节省了图像特征提取时间。BEMD-GA-SIFT 算法主要是通过 BEMD 分解后将相似、相近特征信息分到一个 BIMF 分量上，这样不仅有助于减少后期 SIFT 算法特征提取时间，还可以提高特征提取精度。实验结果表明，使用 BEMD-GA-SIFT 算法不论是对人脸数据库图像，还是对经过光照变化、旋转、尺度变换等后的人脸图像都有极高的识别率，并且计算时间也最优，这也充分说明了 BEMD-GA-SIFT 算法具有良好的健壮性和稳定性，可以进一步应用和推广。

6.7.4　实测环境图像实验

为了更进一步验证 BEMD-GA-SIFT 方法在项目涉及的实测环境图像的特征提取效果，先将本实验研究对象实测图(彩图)转化为灰度图像(图 6.25)。

图 6.25　井下实测图像其灰度图

实验环境为：酷睿双核，主频 2.5GHz，3GB 内存，512MB 显存，Win7 操作系统，MATLAB 2008a。首先在该环境下利用自适应 BEMD 算法对此图进行分解，得到两个 BIMF 和一个趋势项，具体如图 6.26 所示。通过图 6.26 分析，可以看出，BIMF1 较好地继承了原图像特征信息，能够较好地反映被测对象的人、物的总体特征信息。而分解得到的 BIMF2 及趋势项基本涵盖了原图像所测人及物丰富的边缘信息和细节信息。分解得到的多个 BIMF 分量以及趋势项可以更好地为下一步井下被测环境的特征信息提取(比如巷道严重变形、粉尘等特征信息)奠定基础。

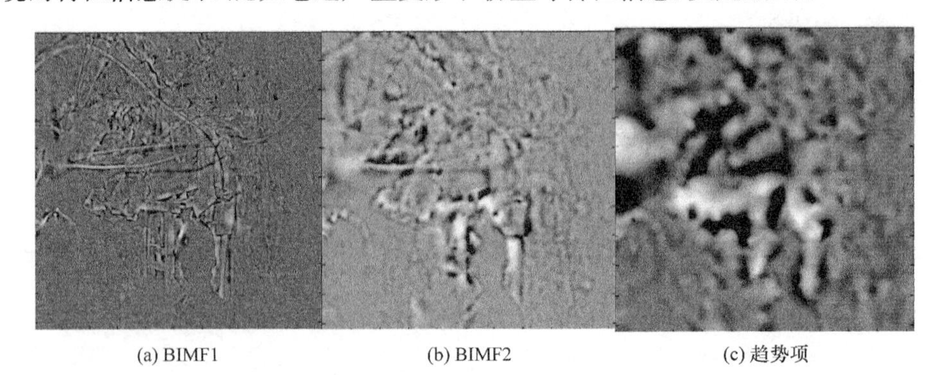

(a) BIMF1 (b) BIMF2 (c) 趋势项

图 6.26 井下实测图像经本书提出的自适应 BEMD 方法分解后得到的 BIMF 和趋势项

利用本书提出的 GA-SIFT 算法对这两个 BIMF 分量和趋势项进行特征提取，具体结果如图 6.27 所示。通过分析图 6.26 可以知道，BIMF1 分量保留了原图像总体特征信息，得到的特征点也很多；BIMF2 主要保留了原实测井下图像的边缘及细节信息，所以提取得到的特征点最多，也更好地反映边缘及细节信息；而趋势项虽然只继承了原图像的一些趋势特性，但其特征点基本都能反映原图像的趋势及变化特点。

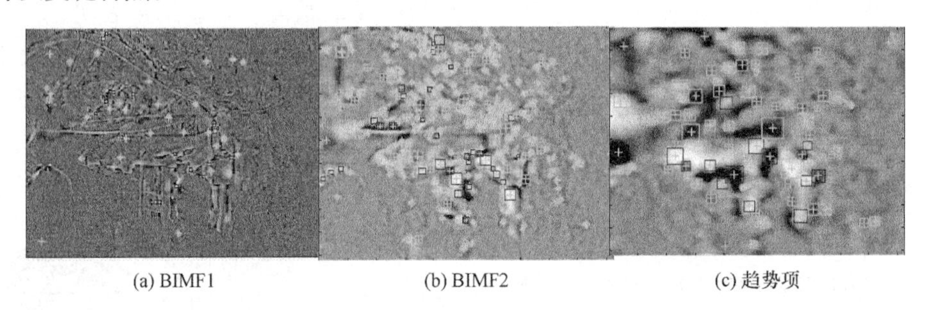

(a) BIMF1 (b) BIMF2 (c) 趋势项

图 6.27 井下实测图像利用 GA-SIFT 算法对分解得到 BIMF 分量与趋势项进行特征提取示意图

对于两个 BIMF 分量及趋势项提取得到的特征点进行合成和累加，就可以得到原始被测图像的所有特征信息，并与单独使用 SIFT 算法对此图像进行特征提取进行对比，对比图如图 6.28 所示。分析图 6.28 可以知道，利用本书提出的 BEMD-GA-SIFT 算法提取得到的特征信息明显多于仅利用 SIFT 算法提取得到的特征信息，而且更丰富，主要体现在细节信息、边缘信息保留上，直接反映了被测图像环境线缆凌乱、布置不规范等。对于分析该图像得到被测环境现场环境恶劣的结论，也为后期管理者制定相应改进措施提供了技术依据。

(a) BEMD-GA-SIFT算法　　(b) SIFT算法

图 6.28　两种算法特征提取对比图

此外，为了进一步证明 BEMD-GA-SIFT 算法的特征提取在特征点数目和计算效率上的优势，用 Harris、SURF 算法分别对该实测图像进行特征点检测，具体检测特征点个数及计算时间如表 6.9 所示。

表 6.9　三种算法特征检测结果

算法类型	特征点个数	计算时间/s
Harris	479	0.721
SURF	523	0.673
BEMD-GA-SIFT	596	0.475

通过对表 6.9 进行分析可以看出，BEMD-GA-SIFT 算法的特征提取效果很好，不论是在得到的特征点个数上，还是在计算时间上，都极有优势。与之相比的算法在特征提取效果上就不尽如人意，不但计算时间比较长，而且得到的特征点数量也较少，这充分证明了本书提出的特征提取方法也非常适合实测图像的分析和处理。

6.8　基于自适应 BEMD 的图像融合实例分析

6.8.1　实验一

为了证明本书提出的自适应 BEMD 方法在图像融合的有效性，图 6.29 给出了不同聚焦下的两幅闹钟图像及理想融合图像。图 6.29(a)代表右边闹钟进行聚焦图像，作为输入图像 1；图 6.29(b)代表左边闹钟进行聚焦图像，作为输入图像 2；图 6.29(c)是人为合成的理想图像。利用本书提出的自适应 BEMD 方法、小波分析、NSCT(nonsubsampled Contourlet transform)分别对这两幅图像进行融合，结果如图 6.30 所示。

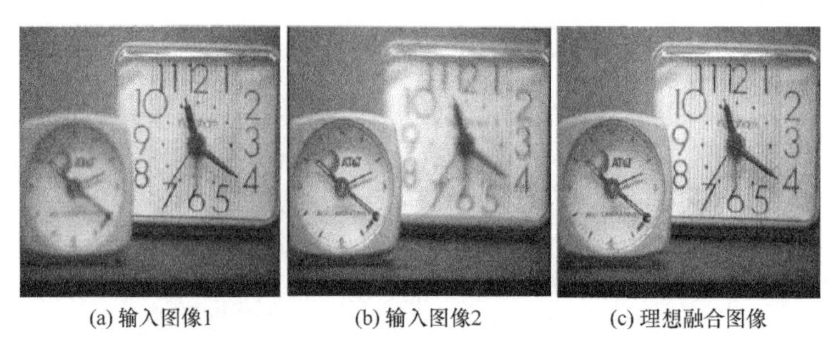

(a) 输入图像1　　(b) 输入图像2　　(c) 理想融合图像

图 6.29　闹钟不同聚焦图像及理想融合图像

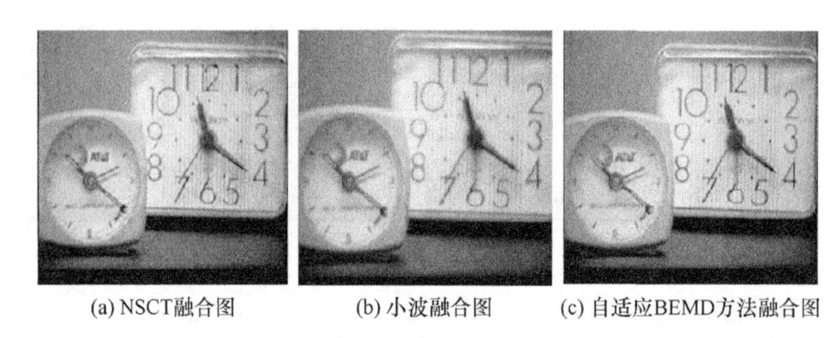

(a) NSCT融合图　　(b) 小波融合图　　(c) 自适应BEMD方法融合图

图 6.30　闹钟不同聚焦后分别利用自适应 BEMD 方法、小波、NSCT 进行图像融合效果图

从图 6.30 中也可以看出采用自适应 BEMD 多尺度自协调与融合算法得到的融合图像也是最接近人为合成的理想融合图像。

6.8.2　实验二

输入图像 1 为四周清楚、中央模糊(图 6.31(a))；输入图像 2 为四周模糊、中央清楚(图 6.31(b))；图 6.31(c)是人为合成的理想图像。利用自适应 BEMD 方法、小波、NSCT 方法对这两个图像进行融合，如图 6.32 所示。

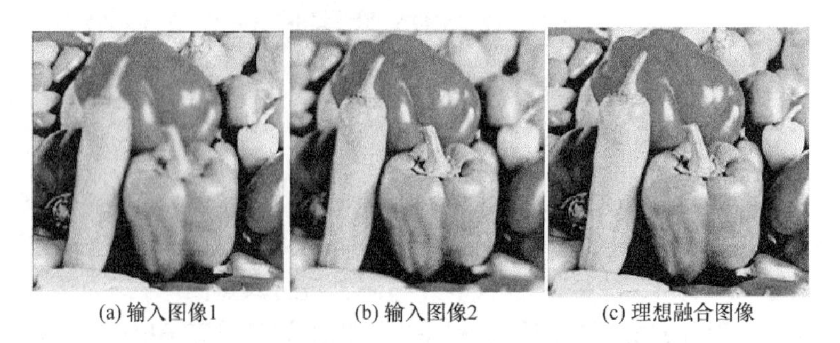

(a) 输入图像1　　(b) 输入图像2　　(c) 理想融合图像

图 6.31　模糊区域不同图像及理想融合图像

(a) NSCT融合图

(b) 小波融合图

(c) 自适应BEMD方法融合图

图 6.32　聚焦不同辣椒图经自适应 BEMD 方法、小波、NSCT 图像融合效果图

这三种融合方法获得的融合后图像基本都能保留原始图像总体信息，可是本书方法得到的融合图像保留的信息最多，基本未丢失原有图像信息，对于原图像的细节、边缘及突变信息都得到了较好的继承，而其他两种方法虽然也对原始图像的特征信息得到了继承和保留，但对于原始图像的某些突变及细节等信息不能得到较好保留，产生了丢失现象，这对于后期图像分析极为不利，这也客观反映了自适应 BEMD 融合方法具有良好性能和优势。

6.8.3　实验三

为了进一步证明本书提出的自适应 BEMD 融合方法的实用价值和优势，选取医院的一幅原始 CT 图像和一幅 MRI 图像作为实验图像(图 6.33)。对于这两幅图像分别采用自适应 BEMD 方法、小波及 NSCT 进行融合，结果如图 6.34 所示。相关数据统计如表 6.10 所示。

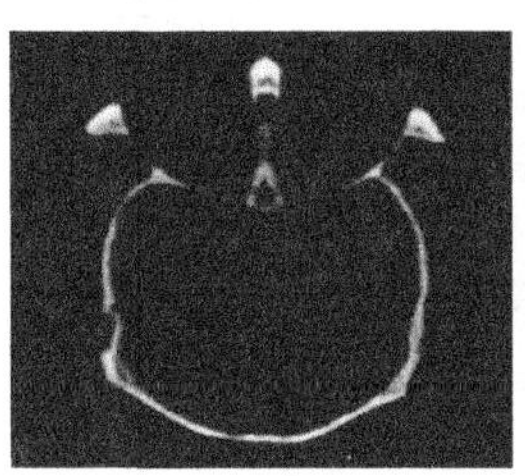
(a) CT图像

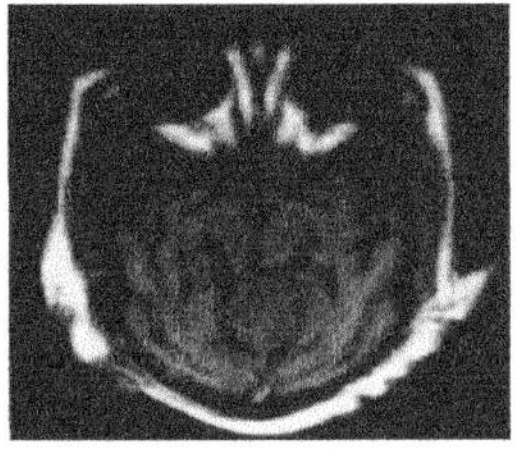
(b) MRI图像

图 6.33　原始输入图像

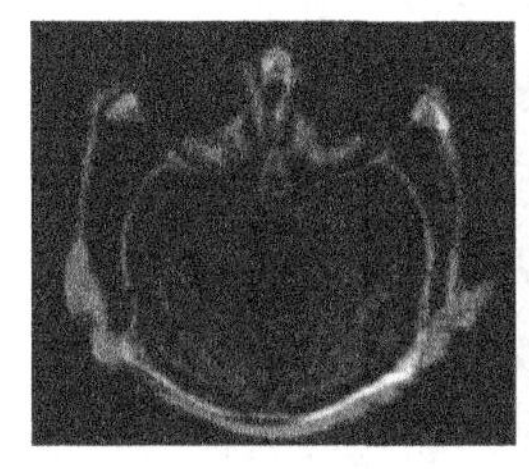
(a) NSCT融合结果图

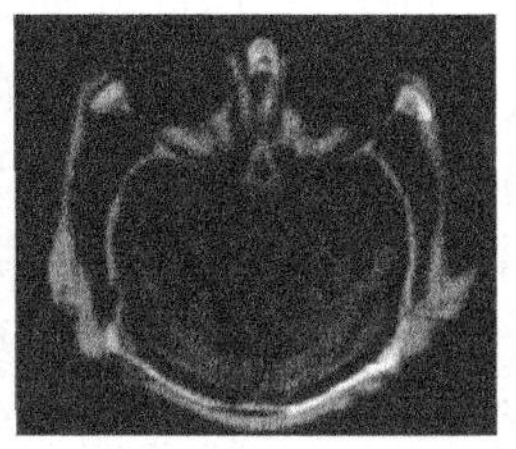
(b) 小波融合结果图

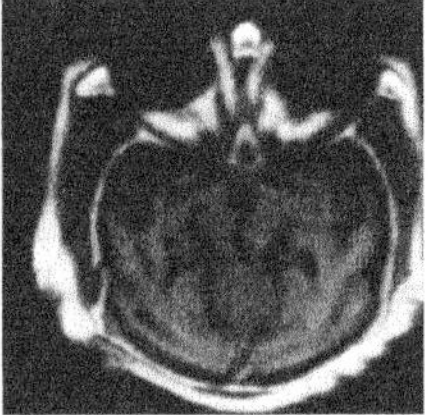
(c) 自适应BEMD方法融合结果图

图 6.34　CT/MRI 图像三种方法融合结果对比图

表 6.10　三种方法得到融合图像的 PSNR 及信息熵对比表

实验名称	算法名称	PSNR	信息熵
实验一	NSCT 方法	30.298	7.396
	小波方法	31.622	7.489
	自适应 BEMD 图像融合方法	33.225	7.683
实验二	NSCT 方法	35.372	6.976
	小波方法	35.653	7.065
	自适应 BEMD 图像融合方法	38.254	7.125
实验三	NSCT 方法	25.796	6.941
	小波方法	26.465	6.679
	自适应 BEMD 图像融合方法	27.398	6.052

通过分析表 6.10 可以知道，实验三中本书提出的自适应 BEMD 融合方法得到的融合图像峰值信噪比高达 27.398，而小波及 NSCT 方法得到的融合图像峰值信噪比仅为 26.465 和 25.796。本书提出的自适应 BEMD 方法得到的融合图像峰值信噪比是三种方法中最高的，其融合质量也是最高的，客观上表明本书提出的自适应 BEMD 方法具有极高实用价值和优势。

这三种融合方法所得到的融合图像都能将原始图像信息保留到融合后图像当中，但 NSCT 方法的融合图像不是很理想，其对比度有所下降，使用小波方法得到的融合图像也同样存在此类问题；而本书提出的自适应 BEMD 方法则能较好地解决这一问题，而且本书提出的自适应 BEMD 方法得到的融合图像不仅较好地保留原始图像所蕴含特征信息，还较好地继承了原始图像的细节信息，基本未丢失原始图像相关信息。

6.8.4　分析与讨论

为了对上述三个实验得到的融合图像进行质量分析，同时也为了更好地检验本书提出的自适应 BEMD 融合方法的优越性，本节将利用 PSNR 对融合质量进行评价。另外，还引入信息熵指标来对融合质量进行跟踪分析。

通过表 6.10、图 6.30、图 6.32 和图 6.34 可以知道，利用本书提出的自适应 BEMD 图像融合方法对原图像进行融合，均取得极优的融合结果，融合结果都很好地继承了原始图像蕴含的信息如细节突变信息等，而且融合图像的图像质量评价指标也优于其他两种方法(比如峰值信噪比和信息熵)，客观上是对本书提出的自适应 BEMD 融合方法所具有的自适应性的一种验证和体现。而利用小波方法对这两类图像进行融合结果表明，其虽然获得了一定效果，但存在忽略图像细节等问题，自适应能力明显落后于本书提出的自适应 BEMD 图像融合方法。

通过上述实验分析及理论基础可以知道，本书提出的自适应 BEMD 融合算法由于是建立在数据驱动特性的 BEMD 基础上，所以具有更好地融合优势，这也是传统傅里叶和小波分解所不具备的，这也是本书融合算法能够取得如此优异融合图像的最大原因，故它将是未来图像融合发展的重要方向。

6.9　基于自适应 BLMD-GA-SIFT 的图像特征提取算法

基于 6.4 节理论及本书提出的自适应 BLMD 算法构建基于 BLMD-GA-SIFT 的图像特征提取算法。它基本包含本书提出的 BLMD 分解和 GA-SIFT 算法特征提取。自适应 BLMD 分解过程是通过本书提出的算法对待处理图像处理，得到多个 BPF 分量及趋势项。GA-SIFT 算法则是对 BPF 分量及趋势项进行特征提取。最后，将所有 BPF 分量及总体趋势得到的特征提取信息进行合成和累加，得到最终的原图像所有特征信息。本特征提取模型的基本原理如图 6.35 所示。

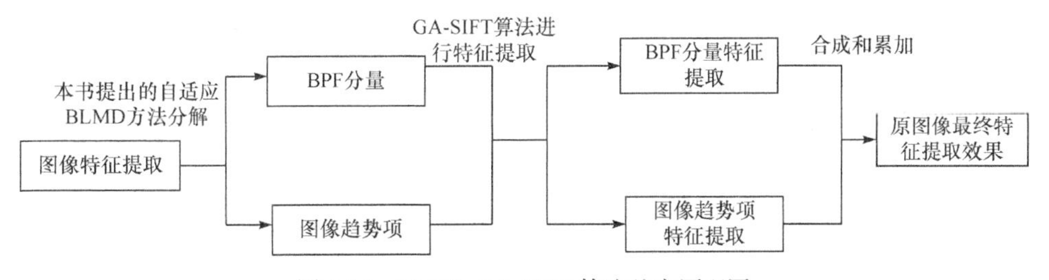

图 6.35　BLMD-GA-SIFT 算法基本原理图

基于 BLMD-GA-SIFT 图像特征提取算法基本步骤如下所示。

(1) 利用本书提出的自适应 BLMD 算法对原图像 $f(x, y)$ 分解，得到多个 BPF 分量和残差，具体为

$$f(x,y)=\sum_{k=1}^{K}\mathrm{bpf}_k(x,y)+r_K(x,y) \tag{6.36}$$

(2) 利用 GA-SIFT 算法对 BPF 分量及趋势项进行特征提取。此步骤最核心的是保证特征点旋转不变性，这是由于关键点描述代表方向相关性。故假设某个高斯图像关键点、梯度、方向分别表示为 $L(x,y,\sigma)$ 、$m(x,y)$ 和 $\theta(x,y)$ ，那么相邻像素计算为

$$m(x,y)=\sqrt{(L(x+1,y)-L(x-1,y))^2+(L(x,y+1)-L(x,y-1))^2} \tag{6.37}$$

$$\theta(x,y)=\arctan\left(\frac{L(x,y+1)-L(x,y-1)}{L(x+1,y)-L(x-1,y)}\right) \tag{6.38}$$

(3) 根据步骤 (2) 提取的特征信息，进行合成和累加，得到原图像最终的所有

特征信息。

6.10 基于自适应 BLMD-GA-SIFT 算法的图像特征提取实例分析

6.10.1 实验一

为了验证本书提出的基于自适应BLMD-GA-SIFT的特征提取算法相比其他特征提取算法所具有的优势，选取图像标准测试数据库中的Bridge图像进行特征提取实验(图6.36)。

图 6.36 Bridge 图

实验环境如下：酷睿四核，主频2.3GHz，4GB内存，1GB显存，Win7操作系统，MATLAB 2014a。在该实验环境下通过本书提出的自适应BLMD算法对图6.36进行分解，得到四个BPF分量和一个趋势项，具体如图6.37所示。通过图6.37可知，分解得到的BPF能够较好地保留原图像的总体信息；得到的第二个BPF(BPF2)及第三个BPF(BPF3)能够在一定程度上保留细节；分解得到的第四个BPF(BPF4)较好地保留原图像的边缘信息；趋势项能够较好地反映原图像的趋势信息。分解得到的BPF分量及趋势项本身就从不同方面呈现了原图像的不同类别信息，这就非常有利于下一步的特征提取，避免特征信息丢失。

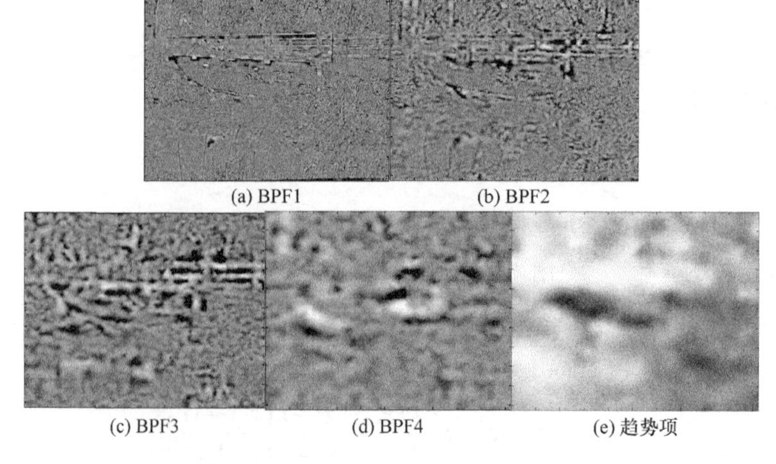

(a) BPF1　(b) BPF2

(c) BPF3　(d) BPF4　(e) 趋势项

图 6.37 Bridge 图经自适应 BLMD 算法分解得到的 BPF 分量及趋势项

利用本书提出的 GA-SIFT 特征提取算法对分解得到的 BPF 和趋势项进行特征提取，如图 6.38 所示。通过图 6.38 可以知道，第一个 BPF(BPF1)保留了原始图像的主要特征信息，BPF2 及趋势项更多地保留了原图像的细节信息和边缘信息。

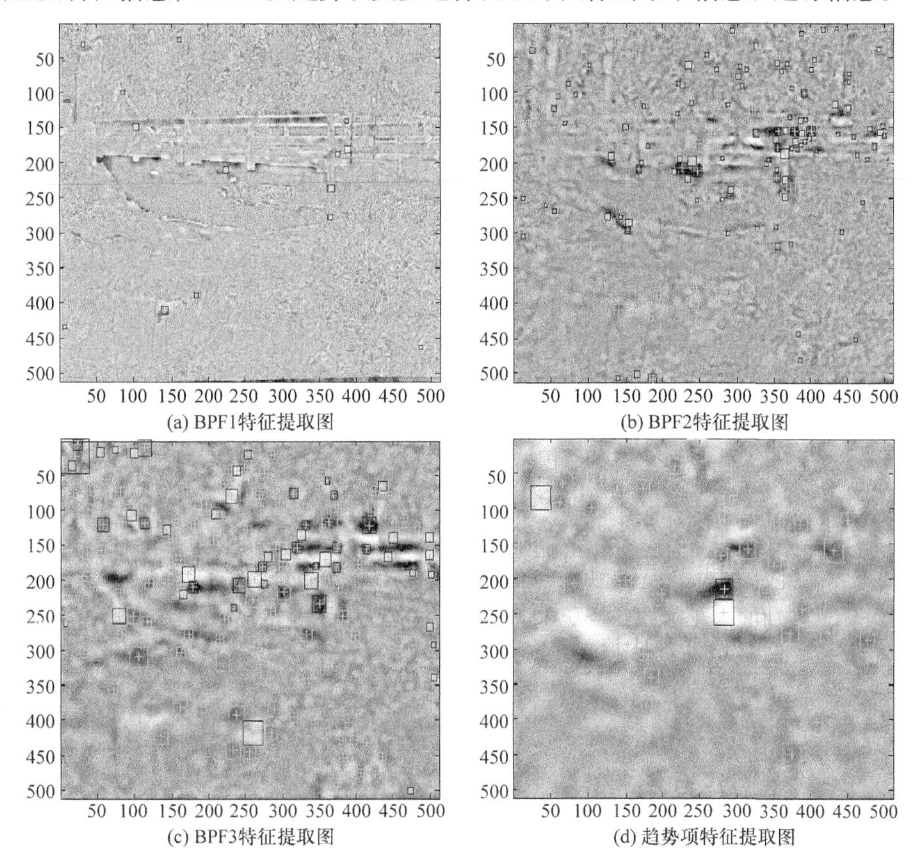

(a) BPF1特征提取图　(b) BPF2特征提取图

(c) BPF3特征提取图　(d) 趋势项特征提取图

图 6.38　利用本书提出的 BLMD-GA-SIFT 特征提取算法对分解得到的 BPF 分量与趋势项特征提取结果图

对于分别进行特征提取得到的图像特征信息进行合成和累加，得到原图像的所有特征信息，如图 6.39(b)所示，单独使用 GA-SIFT 特征提取算法对 Bridge 图像进行整体特征提取结果如图 6.39(a)所示。通过图 6.39 可知，利用本书提出的自适应 BLMD-GA-SIFT 算法提取得到的特征信息明显多于仅利用 GA-SIFT 算法提取得到的特征信息，获得更多的特征信息主要在突出信息、细节信息和边缘信息得到体现。

此外，为了更好地验证本书提出的自适应 BLMD-GA-SIFT 特征提取方法所具有的独特优势，下面利用 PCA-SIFT、SURF 和 GA-SIFT 算法分别对上述图像特征提取，得到特征点个数及计算时间如表 6.11 所示。

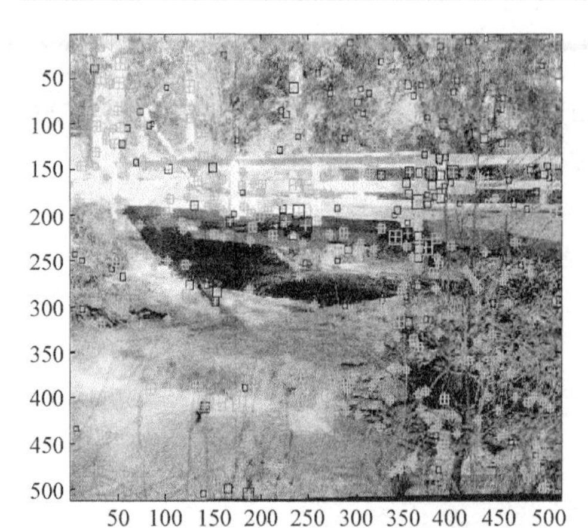

(a) 仅利用GA-SIFT算法特征提取结果图

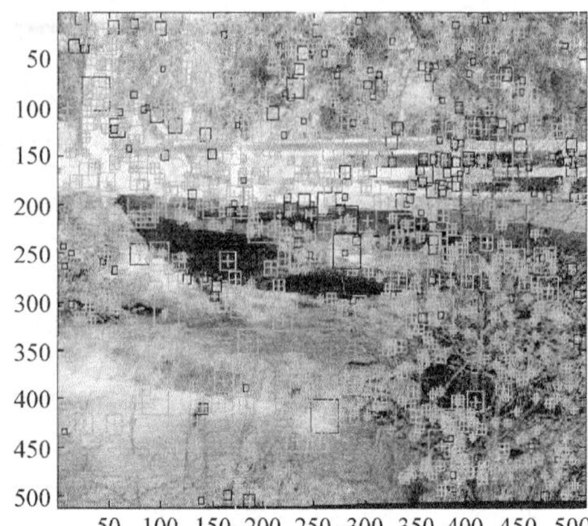

(b) 本书提出的自适应BLMD-GA-SIFT算法特征提取结果图

图 6.39　两种特征提取算法对比图

表 6.11　四种算法特征检测结果

算法类型	特征点个数	计算时间/s
PCA-SIFT	1032	0.139
SURF	1367	0.164
GA-SIFT	1489	0.153
自适应 BLMD-GA-SIFT	2050	0.102

通过表 6.11 可以知道，对于图像提取得到的特征点个数方面，本书提出的自适应 BLMD-GA-SIFT 算法提取的最多，也最丰富和完整。GA-SIFT、SURF 算法提取得到的特征点个数相差不大，但与本书算法提取得到的特征点个数相比，存在一定的差距。这可能是因为未利用 BLMD 算法先对图像进行分解操作。PCA-SIFT 算法得到的特征点个数最少，这是因为 PCA-SIFT 算法较原 SIFT 算法进行简化处理，导致特征提取效果降低。对于图像进行特征提取的计算效率方面，本书提出的自适应 BLMD-GA-SIFT 算法先对图像进行 BLMD 分解得到多个 BPF 分量，这些 BPF 分量都是具有一定规律或特征的；再利用 GA-SIFT 算法对这些 BPF 分量进行特征提取会更准确和更快速，这也是本书提出的方法计算效率最优的原因。由于 PCA-SIFT 算法在降维方面进行了预处理，所以该方法计算效率较 SURF 算法和 GA-SIFT 算法更高。

通过表 6.11 可以知道，本书提出的自适应 BLMD-GA-SIFT 算法不仅所需计算时间最少，而且提取得到的特征点最为丰富和完整。GA-SIFT 算法及 SURF 算法提取的特征点也较为丰富，但计算时间相对较长。PCA-SIFT 算法计算时间较少，但提取得到的特征点不够丰富。

6.10.2　实验二

本书从 Yale 人脸库及 FERET 人脸库选取 1000 样本，其中 800 个为训练样本，另外 200 个样本为测试样本。先对 800 个样本数据进行训练构建特征数据库，而后该数据库对另外 200 个测试样本进行测试。为了更好地验证本书提出的自适应 BLMD-GA-SIFT 算法的可靠性和有效性，分别利用 PCA-SIFT 算法、SURF 算法、GA-SIFT 算法及自适应 BLMD-GA-SIFT 算法对 200 个测试样本进行人脸识别，识别准确率及计算时间如表 6.12 所示。

表 6.12　PCA-SIFT 算法、SURF 算法、GA-SIFT 算法及自适应 BLMD-GA-SIFT 算法人脸识别对比表

算法类型	识别照片	正确识别照片数	识别准确率/%	计算时间/min
PCA-SIFT	200	168	84	14.75
SURF	200	176	88	17.83
GA-SIFT	200	182	91	15.32
自适应 BLMD-GA-SIFT	200	192	96	13.85

同时，为了验证本算法在光照变化、图像旋转、图像尺度变换情况下的可靠性，对原样本分别从上述三个方面进行图像调整，然后分别用 PCA-SIFT 算法、SURF 算法、GA-SIFT 算法及自适应 BLMD-GA-SIFT 算法进行识别，具体结果如表 6.13～表 6.15 所示。

表 6.13　PCA-SIFT 算法、SURF 算法、GA-SIFT 算法及自适应 BLMD-GA-SIFT 算法对经过光照变化后的人脸数据进行识别情况表

算法类型	识别照片	正确识别照片数	识别准确率/%	计算时间/min
PCA-SIFT	200	154	77	15.94
SURF	200	168	84	18.17
GA-SIFT	200	175	88	15.79
自适应 BLMD-GA-SIFT	200	193	97	13.29

表 6.14　PCA-SIFT 算法、SURF 算法、GA-SIFT 算法及自适应 BLMD-GA-SIFT 算法对经过旋转变化后的人脸数据进行识别情况表

算法类型	识别照片	正确识别照片数	识别准确率/%	计算时间/min
PCA-SIFT	200	153	77	16.09
SURF	200	167	84	18.35
GA-SIFT	200	174	87	15.94
自适应 BLMD-GA-SIFT	200	190	95	13.42

表 6.15 PCA-SIFT 算法、SURF 算法、GA-SIFT 算法及自适应 BLMD-GA-SIFT 算法对经过尺度变换后的人脸数据进行识别情况表

算法类型	识别照片	正确识别照片数	识别准确率/%	计算时间/min
PCA-SIFT	200	150	75	16.26
SURF	200	164	82	18.35
GA-SIFT	200	169	85	15.96
自适应 BLMD-GA-SIFT	200	187	94	13.47

通过表 6.12 可以知道，本书提出的自适应 BLMD-GA-SIFT 算法识别效果最好，这是因为图像通过本书提出的自适应 BLMD 分解后得到的 BPF 分量本身就保留原始图像的某类细节和边缘信息，而且每个 BPF 分量本身就反映某一类特征信息或细节信息，它为后期图像特征提取及识别奠定了良好的基础。通过表 6.13～表 6.15 可以知道，对原始图像分别进行光照变化、旋转和尺度变换后，所有算法的识别准确率均有所下降，但是经过光照、旋转变化后的图像，所有方法的识别准确率下降较小；对于经过尺度变化后的图像，所有方法的识别准确率下降较大。可是，不论是经过光照、旋转变化后的图像，还是经过尺度变换后的图像，本书提出的自适应 BLMD-GA-SIFT 方法的识别准确率下降程度最少，而且计算时间增加也最少。这是因为本书提出的方法更具有自适应特性，能够根据图像的变化情况进行分解和特征提取。

6.10.3 实验三

为了更好地验证本书提出的自适应 BLMD-GA-SIFT 算法在特征提取方面的优势，先对图像进行旋转、模糊变换再利用提出的自适应 BLMD-GA-SIFT 算法、优化 SURF 算法和 PCA-SIFT 算法进行特征提取及匹配对比分析。为了更为客观地展示自适应 BLMD-GA-SIFT 算法方法的良好性能，在此通过 Mikolajczyk 提出的方法，利用特征点正确匹配率、计算复杂度客观指标进行统计分析。

本书所用的测试图像均来自于标准测试图像库图像，分辨率为 512×512，利用自适应 BLMD-GA-SIFT 算法、优化 SURF 算法和 PCA-SIFT 算法分别进行特征提取再匹配的结果如图 6.40 和图 6.41 所示，相关指标统计数据如表 6.16 和表 6.17 所示。

表 6.16 旋转变化下的匹配对比

算法类型	特征点个数	计算时间/s	总匹配点数	正确匹配点数	正确匹配率/%
自适应 BLMD-GA-SIFT	1205	3964.3	49	37	76
优化 SURF	1582	4508.6	65	31	48
PCA-SIFT	1171	4298.7	56	28	50

(a) 待测试图像

(b) 优化SURF算法

(c) PCA-SIFT算法

(d) 自适应BLMD-GA-SIFT算法

图 6.40 旋转变换下三种算法匹配结果图

(a) 待测试图像

(b) 优化SURF算法

(c) PCA-SIFT算法

(d) 自适应BLMD-GA-SIFT算法

图 6.41　模糊情况下三种算法匹配结果图

表 6.17　模糊变化下的匹配对比

算法类型	特征点个数	计算时间/s	总匹配点数	正确匹配点数	正确匹配率/%
自适应 BLMD-GA-SIFT	3865	3509.2	39	29	74
优化 SURF	3782	4508.4	52	21	40
PCA-SIFT	3103	3609.6	35	15	43

通过图 6.40 和图 6.41 可知，在视角变换、模糊情况下，本书自适应 BLMD-GA-SIFT 方法较优化 SURF 算法和 PCA-SIFT 算法体现了良好的性能，无论是特征点检测还是正确匹配率都较高，同时计算效率也较高。

这是因为本书提出的基于自适应 BLMD-GA-SIFT 的特征提取算法，首先对图像进行分解得到多个 BPF 分量，而这 BPF 分量本来就具有一定的相似规律或特性，它非常有助于后期的特征提取及匹配操作，而且在 GA-SIFT 特征提取过程中通过遗传算法对参数进行寻优，保证了效果和计算时间。这充分说明了本书提出的特征提取算法的健壮性和稳定性，可以进一步应用和推广。

第 7 章　基于深度学习的应用研究

7.1　引　　言

行为特征的提取与学习是行为识别过程中最为重要的步骤，近年来行为识别技术已经在日常生活与工业领域得到广泛的应用。根据行为特征提取方法的不同，可以将行为识别算法分为以下三类：基于传统的人工设计特征的行为识别方法、基于深度学习的行为特征识别方法和基于混合特征提取的行为识别方法。这里的基于混合特征提取的行为识别方法是对人工的行为特征提取和深度学习的行为特征提取的融合，也就是通过人工设计特征与深度学习策略的结合进行混合特征提取。

第一类利用人工的行为特征提取并进行识别的研究成果比较多[182-185]。因此，在行为识别领域也产生了大量的描述行为的全局特征与局部特征[186]。这些人工设计特征提取方法精细复杂,通过对人体行为的表征获得了非常好的行为识别效果。然而，近年来，这种通过人工设计特征对行为进行识别方面已没有什么新的突破与进展。

伴随着深度学习技术在语音识别、图像处理等方面取得的巨大的成功，深度学习在行为识别领域也得到了愈来愈多的关注。许多学者利用深度学习技术在行为识别方面获得了很好的识别效果。例如，文献[187]使用 stacking 和 convolution 的技术，直接从视频数据中无监督地学习不变的时空特征，并利用该特征获得了非常好的行为识别效果。文献[188]提出了一种基于卷积神经网络架构的行为识别方法，该方法从连续的图像中学习了一种潜在的表征图像序列的特征，并通过实验验证了该方法在行为识别方面的有效性。文献[189]使用三维卷积神经网络的端到端方式对视频中的人体行为进行识别，在完全没有依赖设计特征的情况下，获得了压倒性的行为识别效果。但是在三维视频中，那些在图像处理中非常便捷的深度学习方法的计算量变得非常大，许多操作也变得异常复杂。例如，卷积操作对视频进行处理时，其计算复杂度呈指数级增长。虽然基于深度学习的行为识别取得长足的发展和应用，但是也出现了陷入局部最优和训练速度缓慢的问题。这是因为深度神经网络模型的训练过程是一个非凸优化过程,而非凸优化算法(如随机梯度下降)的解依赖于模型参数的初始化[190,191]。深度神经网络模型参数的初始化是模型训练过程中非常重要的一部分，直接影响到神经网络模型初始阶段各个隐层的分布。合适的模型参数初始化能够保证各隐层节点状态服从相同的分布，保证梯度传播的稳定性，加快非凸优化过程的收敛速度，避免非凸优化过程陷入局部最优解；而不合适的模型参数初始化会因为隐层分布差异过大导致梯度传播时出现梯度消失或梯度爆炸的问题，使得训练过程收敛速度缓慢，易陷入局部最优解[192,193]。在实际应用中，由于模型参数初始化方法与模型的结构、非线性激活函数等因素有关，当遇到不同结构、不同非线性激活函数的深度神经网络模型时，需要重新有针对性的设计相应的模型参数初始化方法。这一过程需要大量实验和理论推导，不仅使模型训练过程变得烦琐，而且容易因为模型参数初始化不当，导致模型训练收敛困难。当前大部分模型参数初始化方面的研究工作都是基于每个隐层服从相似的分布这一假设，对网络的前向传播和反向传播过程进行逻辑分析和理论推导,其中网络每层的非线性激活函数的性质起到了很关键的作用，比如基于 sigmoid 激活函数的 Xavier 初始化方法和基于 ReLU 激活函数的 MSRA 初始化方法[194-196]。由于 Maxout 和 MMN (multilayer Maxout network) 激活函数性质与传统的激活函数并不相同,以上两种模型参数初始化方法对 Maxout 和 MMN 激活函数并不适用。

第三类是基于混合特征提取的行为识别方法[197]。该类方法目前研究成果较少，这些方法利用深度学习技术对提取的人工设计的特征进行学习得到更为抽象的特征，而后进行行为识别。例如，文献[197]基于人体的骨骼关节点利用深度学习进行行为识别；文献[189]使用 DPM (deformable part model) 模型对人体部件或目标进行检测，然后利用检测到的身体各部件或目标的位置信息使用深度学习方法进行行为识别。鉴于这类方法在行为识别方面的有效性，这类混合策略也得到了越来越多的关注。

通过实际监测可知，人的行为是由一系列肢体动作有序序列所组成。人体各部位的运动，在时间维度上形成了人体各部件的形状变化序列。该形状变化序列对行为识别具有重要影响，从视频角度学习该类形状变化特征可以捕捉到人体行为的运动规律。鉴于形状特征 (shape feature) 已在诸多行为识别算法中取得较好的效果和限制玻尔兹曼机擅长学习数据分布规律[198-203]，本书尝试提出基于视频特征学习的行为识别算法。该方法利用深度神经网络提取视频中的人体各部位的形状变化并学习行为的特征，进而通过该特征对特定行为进行识别。为了避免深度神经网络模型参数的初始化对深度学习效果的影响，本书提出了一种基于 MMN 线性激活函数的自适应模型参数初始化方法，克服了训练过程中出现的梯度消失和梯度爆炸问题，为有效训练基于 MMN 激活函数的网络模型提供了更多的理论保证。首先，根据 MMN 激活函数的性质，对神经网络模型的前向传播过程进行推导，获得在各个隐层满足相同分布条件下，初始化模型参数需要满足的充分条件。其次，根据网络前向传播计算得到的损失，通过反向传播 (back propagation,

BP)算法对模型的反向传播过程进行推导，获得在反向传播过程中各个隐层梯度满足相同分布条件下，初始化模型参数需要满足的充分条件[204]。最后，在前向传播和反向传播过程中，通过将以上两个基本满足的充分条件进行融合，从而提出了深度学习自适应模型参数初始化方法。基于上述阐述，并考虑深度神经网络模型参数的初始化重要性及传统特征提取方法的特性，本书提出了一种基于深度学习模型参数初始化的时空特征人体行为识别算法。

7.2 基于深度学习的时空特征学习

本节介绍如何利用深度学习理论进行人体行为的时空特征学习。该特征学习过程分为以下四个步骤。

(1)本方法利用行人检测与跟踪算法进行行为特征识别，故将实测的行为视频转换为行为跟踪(action track)序列[63]，再通过行为跟踪序列进行特征学习，具体架构如图 7.1 所示，该架构由一个多层的神经网络组成，其基本单元是限制玻尔兹曼机(restricted Boltzmann machine，RBM)。

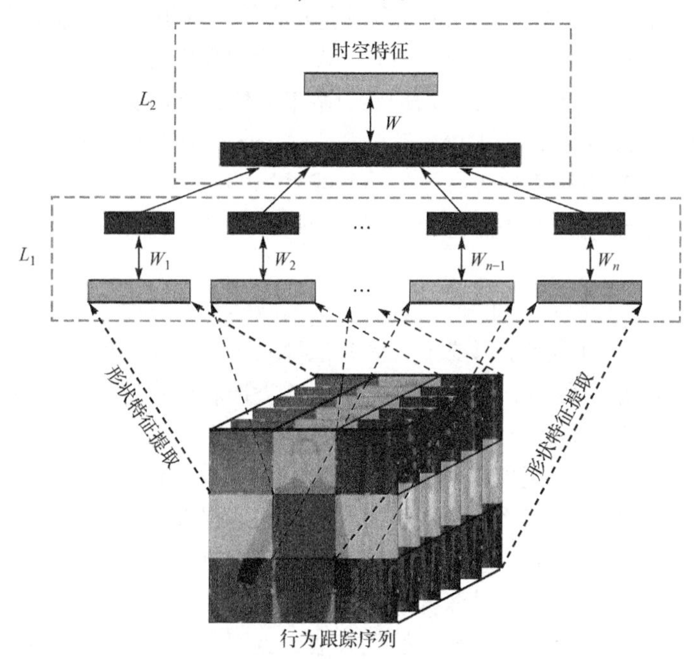

图 7.1 时空特征学习框架

L_1、L_2为不同卷积层，$W_1,\cdots,W_n$为视频块

(2)将行为跟踪序列分割为多个如图 7.1 所示的视频块，并对每个视频块中

每帧图像进行分割，得到形状特征。本方法没有直接从视频块的像素信息中学习特征，而是从提取得到的视频块形状特征中学习更为抽象的特征。

(3) 利用多个限制玻尔兹曼机-神经网络层从视频块的形状特征序列中提取特征。

(4) 拼接多个限制玻尔兹曼机-神经网络层的输出，将其输入第二层神经网络，第二层网络的输出是学习得到的时空特征。设置第二层神经网络的目的，是对多个限制玻尔兹曼机-神经网络层的输出进行降维操作，从而减少运算量，提高计算效率。下面对时空特征的学习过程进行详细说明。

7.2.1　视频序列行为跟踪

人体在进行具体行为运动中会发生行为变化，它的具体体现就是所检测视频帧中的人体的位置会产生变化，即人体的姿态会出现相应的变化。为了保证人体的具体行为一直处于视觉焦点之中，本书采用目标检测与跟踪算法自动地对行为人体进行检测与跟踪，并将检测与跟踪结果转化为行为跟踪序列。在行为视频的初始帧，使用主流的行人检测算法对行为人进行检测。检测到行为人体以后，为了在后续的视频帧中，将行为人置于视觉焦点之中，该方法使用跟踪算法在后续帧中对行为人体进行定位。行为人体的定位结果将严重影响到后续行为识别的精度，因此，成功的对具体行为人进行检测非常重要。

然而，当行为人在进行多种不同的行为时，其四肢会进行各类具体的运动。根据行人检测与跟踪结果，确定包含行为人身体各部件的边界框非常困难。因此，本书使用一个较大的边界框定位行为人，以期在各种运动姿态下都能将行为人的四肢与躯干限定在边界框中。与行为识别方法相同，本章所提行为识别方法也根据行人检测与跟踪结果优化边界框。优化后的矩形边界框，其中心位置位于行人检测算法或跟踪算法得到的边界框的中轴线上，其宽度与边界框的高度成正比。最后，将行为人的定位结果都归一化到相同的尺度上，形成一个行为跟踪序列。

为便于后续的处理，将行为跟踪序列的长度设置为固定长度 T。若初始的行为跟踪序列的长度大于 T，则直接抛弃那些多余的视频帧；否则，使用零填充的方法将行为跟踪序列延长为 T 帧。在本书中，对于行为类别 c_i，其所有的训练视频的行为跟踪序列记为 T_{c_i}，而其他行为类型的行为跟踪序列记为 T_{b_i}。

7.2.2　视频块形状特征

从视频的正面，将每个行为跟踪序列分割为 $s_w \times s_h$ 个视频块。如前面所述，每个视频块的帧长设为固定值 T。将分割后的视频块记为 $F^j, j \in J$，其中

$J=\{1,2,\cdots,s_w\times s_h\}$ 对应于视频块的空间位置。由于使用三维的卷积方法处理视频块序列时会产生非常大的计算量，且比较耗时，所提方法先将视频块序列表示为视频块形状特征，然后利用深度神经网络从这些底层特征中学习更为抽象的时空特征。对于视频块 $F^j(j\in J)$ 的每帧图像 $F_k^j\ (k=(1,2,\cdots,T))$，将其分割为 $M_w\times M_h$ 个网格单元，并计算每个网格单元在 M_d 个方向上的梯度方向直方图(histogram of oriented gradient，HoG)。每帧图像的所有网格单元的梯度方向直方图的拼接向量表示了该图像帧的形状特征。因此，每个图像帧的形状特征的维度为 $M_w\times M_h\times M_d$。与文献[205]相同，该形状特征被表示为特征向量（$m_{k1}^j,m_{k2}^j,\cdots,m_{kn}^j$），其中 $n=M_w\times M_h\times M_d$。$s_{kl}^j\,(l=1,2,\cdots,n)$ 表示图像帧 F_k^j 的形状特征的第 l 个分量。对行为跟踪序列的每个视频块，提取每个视频帧的形状特征，将其拼接为一个长向量，该特征向量称为视频块的形状特征。行为跟踪序列的视频块的形状特征如图 7.2 所示。该图的第一行是行为跟踪序列的一个视频块的图像序列，第二行为其对应视频块的形状特征。图 7.2 显示了在计算视频块的形状特征时，将每个视频帧分割成 1×1 个单元格在 7 个方向上的梯度方向直方图。

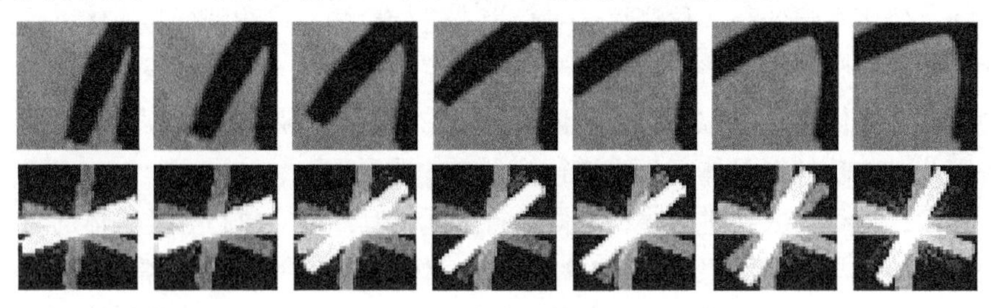

图 7.2　视频块形状特征

在行为识别算法中，行为人的姿态是一个很重要的信息。本书对行为跟踪序列的每一帧图像的形状特征进行归一化，即对行为跟踪序列的每一帧图像中的人体姿态的形状特征进行归一化。根据前人的经验，L2 范数对拼接的图像描述特征非常有效。如此，行为跟踪序列的一帧图像被表示为 $F_k^1,F_k^2,\cdots,F_k^{s_w\times s_h},k=1,2,\cdots,n$。对行为跟踪序列中每帧图像的形状特征的归一化操作：

$$q_{kl}^j=\frac{m_{kl}^j}{\left(\sum_{j=1}^{s_w\times s_h}\sum_{r=1}^{m}\left|m_{kr}^j\right|^2\right)^{\frac{1}{2}}} \tag{7.1}$$

式中，$1\leqslant l\leqslant m$。q_{kl}^j 是对形状特征向量进行归一化操作后，形状特征向量的分量 m_{kl}^j 对应的归一化的值。综上所述，行为跟踪序列的视频块中每个图像帧的形状特征描述为 $D_k^j=\left(q_{k1}^j,q_{k2}^j,\cdots,q_{km}^j\right)$，其中 $j\in J,1\leqslant k\leqslant T$。那么，视频块 B_j 的视频块形状特征可以表征为$\left(D_1^j, D_2^j, \cdots, D_T^j\right)$，该特征的维度为$T \times M_w \times M_h \times M_d$。$q_{kl}^j \in [0,1]$，所以特征向量$\left(D_1^j, D_2^j, \cdots, D_T^j\right)$可以作为一个 RBM 的输入，来训练本书设计的两层神经网络架构。

7.2.3　多限制玻尔兹曼机神经网络层

限制玻尔兹曼机是一个无向图模型(undirected graphical model)，它是马尔可夫随机场的一种特殊类型。限制玻尔兹曼机是一个包含两层神经元的网络架构，两层神经元分别为输入层神经元与隐藏层神经元。该网络的同一层神经元之间没有连接，输入层与隐藏层的各神经元之间以全连接的方式连接。该类型的神经网络模型首次在文献[206]中被提出。如图 7.3 所示，神经网络的第一层由多个 RBM 组成。所提方法使用多 RBM 神经网络层来描述行为的特征分布。如前面所述，已经将行为跟踪序列的视频块表示为视频块形状特征。对每种行为类别，使用该行为类型的所有训练样本的视频块形状特征去训练多 RBM 神经网络层的 RBM。每个 RBM 都使用对应空间位置的视频块形状特征进行训练。相应地，多 RBM 神经网络层包含$s_w \times s_h$个需要训练的 RBM。

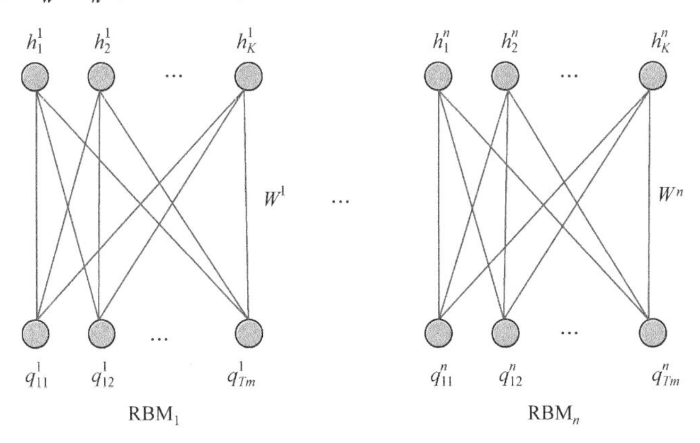

图 7.3　多 RBM 神经网络层结构

在图 7.3 中，每个 RBM 的输出层包含 K 个神经元，而 K 的取值直接影响到了学习的每类行为的特征分布的情况。因此，该方法通过实验具体的分析 K 的取值对实验结果的影响。对于多 RBM 神经网络层的限制玻尔兹曼机 RBM$_j$($j=1,\cdots, s_w \times s_h$)，将对应的空间位置为$j$的所有的视频块的形状特征作为其输入进行训练。这些输入的视频块的形状特征记为$Q^j=\left(q_{11}^j, q_{12}^j, \cdots, q_{Tm}^j\right)^{\mathrm{T}}$，对应的 RBM$_j$的输出记为$H^j=\left(h_1^j, h_2^j, \cdots, h_K^j\right)^{\mathrm{T}}$。对于 RBM$_j$，其神经元$\{Q^j, H^j\}$ 的状态能量的定义如下：

$$E(Q^j, H^j; \theta^j) = -(Q^j)^{\mathrm{T}} W^j H^j - (b^j)^{\mathrm{T}} Q^j - (a^j)^{\mathrm{T}} H^j \\ = -\sum_{l=1}^{T\times m}\sum_{k=1}^{K} W_{lk}^j Q_l^j H_k^j - \sum_{l=1}^{T\times m} b_l^j Q_l^j - \sum_{k=1}^{K} a_k^j H_k^j \tag{7.2}$$

式中，$\theta^j = \left\{W, a^j, b^j\right\}$是 RBM$_j$的参数；$W^j$表示输入神经元与输出神经元之间的对称的关联矩阵，即输入层与输出层之间的连接权重；b^j, a^j是偏差向量，两者都是列向量。每个 RBM 的参数都是通过 CD (contrastive divergence) 算法进行学习的。对于 RBM$_j$，其输入神经元与输出神经元之间的联合分布为

$$P(Q^j, H^j; \theta^j) = \frac{1}{Z(\theta^j)} \exp\left(-E(Q^j, H^j; \theta^j)\right) \tag{7.3}$$

$$Z(\theta^j) = \sum_{Q^j}\sum_{H^j} \exp\left(-E(Q^j, H^j; \theta^j)\right) \tag{7.4}$$

式中，$Z(\theta^j)$是配分函数 (partition function)，条件概率分布可以很容易地从式 (7.3) 推导出来，具体为

$$p\left(H_k^j = 1 \mid Q^j\right) = g\left(\sum_l W_{lk}^j Q_l^j + a_k^j\right) \tag{7.5}$$

$$p\left(Q_l^j = 1 \mid H^j\right) = g\left(\sum_k W_{lk}^j H_k^j + b_l^j\right) \tag{7.6}$$

式中，$g(x) = 1/(1+\exp(-x))$是逻辑函数。本章所提行为识别方法使用 CD 方法对限制玻尔兹曼机 RBM$_j$的参数集进行学习。本书对所用神经网络架构的第一层网络，即多 RBM 神经网络层的每个 RBM 单独进行训练。该多 RBM 神经网络层将每种行为类别学习到的网络参数集记为$\theta = (\theta^1, \cdots, \theta^n)$。

7.2.4 时空特征

所提方法对每种行为类别训练了一个两层的神经网络。神经网络的第二层是一个单独的 RBM。该层网络的设计意图是对第一层神经网络的输出进行降维。该层网络的参数与第一层神经网络的每个 RBM 一样，记为 (W, a, b)。对于训练好的不同行为类别的神经网络，同一行为视频的输入会使各行为类别的网络输出各种不同类型的特征向量。也就是说，与训练神经网络的行为类别相同的行为视频会产生相似的输出，而非此类的行为视频将产生与该类行为不同的网络输出。

训练好的两层神经网络的输出就是学习到的时空特征。不同于那些基于深度学习方法，直接从视频的原始像素值中学习特征，本书的时空特征是从视频块的形状特征中学习的。该特征是从传统的底层特征中学习的抽象的高层特征，它可以更鲁棒地对行为进行表征。学习的时空特征被记为$H = (h_1, h_2, \cdots, h_S)$。其中，$S$的取值是根据经验设定的。在本书的实验中，我们设定$S = 16 \times s_w \times s_h \times K$。

7.3　基于 Maxout 激活函数的模型参数自适应初始化方法

7.3.1　模型参数初始化方法

训练深度神经网络模型之前，首先要对模型的权值参数进行初始化，不然模型无法根据初始状态进行优化。恰当的参数初始化能够避免反向传播过程出现梯度消失或梯度爆炸的问题，加快模型训练的收敛速度。模型参数初始化不恰当则会使模型参数优化过程陷入局部最优解，导致模型不能得到充分地训练，不能发挥深度神经网络模型强大的特征提取能力和特征表示能力。当前已有很多学者对深度神经网络模型参数初始化方法展开了研究，并且取得了一定研究成果[207-209]，能够快捷有效地为不同深度神经网络模型参数选取合适的初始值，不仅克服了深度神经网络模型训练过程中经常出现的梯度消失和梯度爆炸问题，还能加快深度神经网络模型的训练收敛速度。

传统的神经网络模型参数初始化方法是从一个高斯分布中随机初始化模型参数，所有隐含层的参数共享相同的高斯分布，即模型中的所有参数均服从如下的高斯分布：

$$W \sim N\left(\mu,\sigma^2\right) \tag{7.7}$$

虽然这种模型参数初始化方法简单、易实现，但由于缺乏理论依据，高斯分布的两个超参数需要通过多次实验确定。不仅确定超参数的过程耗时，而且无法保证模型参数初始化结果的有效性。当遇到更深、更复杂的深度神经网络模型（如多于 8 个卷积层的神经网络模型）时，使用这种模型参数初始化方法不能保证模型具有良好的性能。牛津大学视觉几何组（visual geometry group，VGG）通过在 VGG 模型（13 卷积层和 3 个全连接层）上的多次实验表明，使用这种模型参数初始化方法的深度卷积神经网络模型在训练过程中很难收敛，限制了深度卷积神经网络模型在图像分类任务中的应用和发展。

随着对深度神经网络模型优化过程研究的不断推进，许多深度神经网络模型参数初始化方法不断涌现出来，这些模型参数初始化方法大致可以分为两类：一类是基于预训练的模型参数初始化方法；另一类是基于神经网络模型训练和参数优化的模型参数初始化方法。由于 ReLU 激活函数的广泛应用，MSRA 模型参数初始化方法的提出解决了许多深度神经网络模型参数的初始化问题。但由于 MSRA 模型参数初始化方法的推理过程基于 ReLU 激活函数，所以这种模型参数初始化方法仅适用于使用 ReLU 激活函数及其变形的深度神经网络模型。

7.3.2　基于 Maxout 激活函数的模型参数自适应初始化方法

如前所述，MMN 激活函数不仅能够缓解在反向传播过程中出现的梯度消失和梯度爆炸问题，而且能够增加神经网络模型的特征提取能力和特征表示能力。通过与深度神经网络模型中的其他参数一起联合优化，进一步提高深度神经网络模型的图像分类准确率。虽然使用MMN激活函数的深度神经网络模型参数规模有所增加，但合理的模型参数初始化方法能够加快模型训练的收敛速度。现有的模型参数初始化方法由于理论推导的假设均基于传统的激活函数，对使用MMN激活函数或Maxout激活函数的深度神经网络模型并不适用。为了更快捷有效地对使用MMN激活函数或Maxout激活函数的神经网络模型的参数进行初始化，本书基于每层神经元节点状态服从相同分布的假设，提出了一种基于MMN激活函数和Maxout激活函数的神经网络模型参数自适应初始化方法。

由于MMN激活函数是一种多层结构的Maxout网络，因此基于Maxout激活函数的模型参数初始化方法对使用MMN激活函数的深度神经网络模型同样有效，这里以Maxout激活函数为例进行模型参数初始化的理论推导。为了保证每层神经元节点状态服从相同的分布，下面将分别分析深度卷积神经网络模型前向传播过程和反向传播过程。

1. 前向传播过程

为了保证深度卷积神经网络模型前向传播过程的推导，首先提出以下假设：所有输入向量 s 和参数向量 W 相互独立且服从相同的分布；参数向量 W 的初始化分布关于零点对称；每一层的偏置 b 恒等于零。

这里用 l 表示深度卷积神经网络模型的第 l 个隐层，则深度卷积神经网络模型中的第 l 个卷积层的响应为

$$z_l = x_l^{\mathrm{T}} W_l + b_l \tag{7.8}$$

式中，$x_l \in \mathbf{R}_d$，x_l 是原始输入向量或上一个隐层的状态向量，原始输入向量经过预处理后，均值为零，令

$$d = p^2 c \tag{7.9}$$

式中，d 表示连接一个神经元节点的所有输入节点数，p 表示卷积核的尺寸(卷积核均为正方形)，c 表示输入的通道数目。每个经过Maxout激活函数的神经元节点输出可以通过式(7.10)计算获得：

$$f(x) = \max\left(w_1 x + b_1, w_2 x + b_2, \cdots, w_n x + b_n\right) \tag{7.10}$$

式中，n 表示组合中线性函数的个数；$w_1, w_2, \cdots, w_n$ 为常数，$b_1, b_2, \cdots, b_n$ 为常数，当 w_1=1 且 b_1, w_2, b_2, …, w_n, b_n 都等于零时，Maxout激活函数等价于ReLU激活函数。Maxout激活函数局部线性的性质能够缓解梯度消失问题，但同时引入额外的参数意味着训练过程中需要占用更多的计算资源和存储资源。z_l 方差的计算公式为

$$\mathrm{Var}\left[z_l\right]=d_l\mathrm{Var}\left[W_l x_l\right] \tag{7.11}$$

因为第 l 个隐层的权值 W_l 服从零均值的高斯分布，且权值 W_l 与状态向量 x_l 相互独立，所以有

$$\mathrm{Var}\left[z_l\right]=d_l\mathrm{Var}\left[W_l\right]E\left[x_l^2\right] \tag{7.12}$$

式中，$E\left[x_l^2\right]$ 是 x_l^2 的期望。为了简化表述，这里只考虑由两个线性函数组成的 Maxout 激活函数，即

$$x_l=h_{l-1}\left(x_{l-1}\right)=\max\left(z_{l-1,1},z_{l-1,2}\right) \tag{7.13}$$

因为偏置 b_{l-1} 恒等于零，且权值 W_l 的均值也等于零，所以 $z_{l-1,1}$ 和 $z_{l-1,2}$ 都关于零点对称且均值都等于零。

为了建立期望 $E\left[x_l^2\right]$ 和方差 $\mathrm{Var}[z_{l-1}]$ 之间的联系，x_l 定义为

$$x_l=\frac{z_{l-1,1}+z_{l-1,2}+\left|z_{l-1,1}-z_{l-1,2}\right|}{2} \tag{7.14}$$

将式(7.14)代入计算期望 $E\left[x_l^2\right]$，可得

$$\begin{aligned}E\left[x_l^2\right]&=\frac{1}{4}E\left[\left(z_{l-1,1}+z_{l-1,2}+\left|z_{l-1,1}-z_{l-1,2}\right|\right)^2\right]\\&=\frac{1}{2}E\left[z_{l-1,1}^2+z_{l-1,2}^2+\left(z_{l-1,1}+z_{l-1,2}\right)\left|z_{l-1,1}-z_{l-1,2}\right|\right]\\&=\frac{1}{2}\left(E\left[z_{l-1,1}^2\right]+E\left[z_{l-1,2}^2\right]+\left(E\left[z_{l-1,1}\right]+E\left[z_{l-1,2}\right]\right)E\left[\left|z_{l-1,1}-z_{l-1,2}\right|\right]\right)\\&=\frac{1}{2}\left(\mathrm{Var}\left[z_{l-1,1}\right]+\mathrm{Var}\left[z_{l-1,2}\right]\right)\end{aligned} \tag{7.15}$$

因为 $z_{l-1,1}$ 和 $z_{l-1,2}$ 服从相同的分布，所以可以定义 $z_{l-1,1}$ 的方差为

$$\mathrm{Var}\left[z_{l-1}\right]=\mathrm{Var}\left[z_{l-1,1}\right]=\mathrm{Var}\left[z_{l-1,2}\right] \tag{7.16}$$

将式(7.16)代入式(7.15)，可得

$$E\left[x_l^2\right]=\mathrm{Var}\left[z_{l-1}\right] \tag{7.17}$$

再将式(7.16)代入公式(7.12)，可得 $\mathrm{Var}[z_l]$ 和 $\mathrm{Var}[z_{l-1}]$ 的关系：

$$\mathrm{Var}\left[z_l\right]=d_l\mathrm{Var}\left[W_l\right]\mathrm{Var}\left[z_{l-1}\right] \tag{7.18}$$

当深度卷积神经网络模型一共有 L 个隐层时，第一个隐层状态的方差 $\mathrm{Var}[z_l]$ 和最后一个隐层状态的方差 $\mathrm{Var}[z_L]$ 之间的关系可以表示为

$$\mathrm{Var}\left[z_L\right]=\left(\prod_{l=2}^{L}d_l\mathrm{Var}\left[W_l\right]\right)\mathrm{Var}\left[z_l\right] \tag{7.19}$$

为了降低神经网络模型中每个隐层层内部协变量偏移(internal covariate shift)，保证每层神经元节点状态服从相同的分布，即

$$\mathrm{Var}[z_L] = \mathrm{Var}[z_1] \tag{7.20}$$

神经网络模型参数的初始化需要满足如式(7.21)所示的充分条件：

$$d_l \mathrm{Var}[W_l] = 1, \quad \forall l \tag{7.21}$$

当 l=1 时，由于没有激活函数直接作用于输入向量，所以上述充分条件(7.21)仍然成立。综上所述，基于神经网络模型每个隐层节点状态服从相同分布的假设，本书提出的模型参数初始化方法要求深度卷积神经网络模型每个隐层参数 W_l 满足如式(7.22)所示的高斯分布。

$$W_l \sim N\left(0, \frac{1}{d_l}\right) \tag{7.22}$$

2. 反向传播过程

在深度卷积神经网络模型的反向传播过程中，需要关注的是每一个卷积层参数获得的梯度：

$$\Delta x_l = \overset{\Delta}{W_l} \Delta h_l \tag{7.23}$$

式中，Δx_l 和 Δh_l 分别表示梯度 $\frac{\partial \mathrm{Loss}}{\partial x_l}$ 和 $\frac{\partial \mathrm{Loss}}{\partial h_l}$，Loss 是神经网络模型的损失函数；$\Delta x_l$ 是 $c \times l$ 维向量，Δh_l 是 $\hat{d} \times 1$ 维向量，其中 $\hat{d} = p^2 e$，这里 e 表示卷积滤波器的个数。W 和 $\overset{\Delta}{W_l}$ 可以通过改变维度相互转化得到，这是因为 $\overset{\Delta}{W_l}$ 是 $c \times \hat{d}$ 矩阵。这里，类似于前向传播，进行相关假设：Δh_l 与 W(或 $\overset{\Delta}{W_l}$)相互独立；W(或 $\overset{\Delta}{W_l}$)服从初始化分布，且关于零对称；对于所有的 l，有 $E[\Delta x_l] = 0$。

这里仍然只考虑 Maxout 激活函数 $h_l = \max(z_{l,1}, z_{l,2})$ 的情况，可得

$$\Delta z_{l,k} = f'(z_{l,k}) \Delta x_{l+1}, \quad k \in \{1,2\} \tag{7.24}$$

式中，$f'(z_{l,k}) = 1$ 和 $f'(z_{l,k}) = 0$ 各有一半出现的概率。因为 $f'(z_{l,k}) = 1$ 与 Δx_{l+1} 是相互独立的，故对于任一 $k \in \{1,2\}$，都满足

$$E[\Delta h_l] = E[\Delta z_{l,k}] \tag{7.25}$$

同时

$$E\left[(\Delta h_l)^2\right] = \mathrm{Var}[\Delta h_l] = \frac{1}{2} \mathrm{Var}[\Delta x_{l+1}] \tag{7.26}$$

所以梯度 Δx_l 的方差为

$$\mathrm{Var}[\Delta x_l] = \frac{1}{2} \hat{d}_l \mathrm{Var}[W_l] \mathrm{Var}[\Delta x_{l+1}] \tag{7.27}$$

通过式(7.27)，可以建立 $\mathrm{Var}[\Delta x_l]$ 和 $\mathrm{Var}[\Delta x_{l+1}]$ 的联系。当深度卷积神经网络

模型一共有 L 个隐层时，可以推导出 $\text{Var}[\Delta x_2]$和 $\text{Var}[\Delta x_{L+1}]$的关系为

$$\text{Var}\left[\Delta x_2\right]=\text{Var}\left[\Delta x_{L+1}\right]\left(\prod_{l=2}^{L}\frac{1}{2}\hat{d}_2\text{Var}\left[W_l\right]\right) \tag{7.28}$$

为了使梯度能够平稳地反向传播到前面的隐层，网络模型参数初始化需要满足的充分条件为

$$\frac{1}{2}\hat{d}_l\text{Var}\left[W_l\right]=1,\quad \forall l\in\left[2,L\right] \tag{7.29}$$

当初始化第一个隐层时，式(7.29)仍然适用，这是因为第一层没有激活函数直接作用于输入向量。

综上所述，神经网络模型参数 W 的初始化需要服从如式(7.30)所示的高斯分布：

$$W_l\sim N\left(0,\frac{2}{\hat{d}_l}\right) \tag{7.30}$$

经过前面的理论推导，分别得到了根据前向传播过程和反向传播过程推导出的初始化方法，但两者并不能同时满足。为此，这里采用折中的方法，将上述问题转化成下面的优化问题：

$$\min_{\tau_l}\left(\tau_l-d_l\right)^2+\left(\tau_l-\frac{1}{2}\hat{d}_l\right)^2 \tag{7.31}$$

式中

$$W_l\sim N\left(0,\frac{1}{\tau_l}\right) \tag{7.32}$$

优化求解得到在两个充分条件的基础上提出的折中的充分条件，如下式所示：

$$W_l\sim N\left(0,\frac{4}{2d_l+\hat{d}_l}\right) \tag{7.33}$$

由于 MMN 激活函数是一个多层结构的 Maxout 网络，因此基于 Maxout 激活函数的模型参数初始化方法对 MMN 激活函数深度卷积神经网络模型同样适用。

7.4　基于 SVM 的行为识别分类器

本章提出的行为识别方法为每种行为类别训练了一个两层的神经网络和一个 SVM 分类器。在训练阶段，对每种行为类别，使用该类行为的训练样本作为正样本(yi= +1)，其他行为类别的训练样本作为负样本(yi= −1)来训练 SVM 分类器。然后通过最小化 SVM 的目标函数来优化参数向量 ω 和松弛变量 ξ_i 。然而，当使用该思路来训练 SVM 时，发现 SVM 的分类结果受到训练集中正负样本的数量不

平衡的影响。为了解决数据的不平衡问题，在对每种行为类别的 SVM 分类器进行训练的过程中，本章所提行为识别方法对训练集中的正负样本采用了不同的惩罚参数。鉴于训练集中正样本的个数 p 小于负样本的个数 q，所以，对正样本采用了较大的惩罚系数 C。这意味着在训练过程中，提高了训练集中每个正样本数据的重要性。对于负样本，则采用了较小的惩罚系数 C。训练 SVM 分类器使用的目标函数为

$$\begin{aligned} \min_{\omega,\xi} \quad & \frac{1}{2}\|\omega\|^2 + C + \sum_{i=1}^{p}\xi_i + C - \sum_{j=p+1}^{p+q}\xi_j \\ \text{s.t.} \quad & y_i\left[\left(\omega^{\mathrm{T}} H_i\right) + b\right] \geqslant 1 - \xi_i, i = 1,2,\cdots,p+q \\ & \xi \geqslant 0 \end{aligned} \tag{7.34}$$

式中，H_i 是第 i 个行为样本的时空特征，(H_i, y_i) 是 SVM 分类器的输入向量，$p+q$ 是训练 SVM 使用的训练样本的个数。在实验中，使用 libSVM 来解决 SVM 分类器的训练问题。实验中，通过正负样本个数的比率设置不同的惩罚系数 C。

综上所述，对每种行为类别，本书训练了一个 SVM 分类器 F。如此，每种行为类别就可以表示为一个两层神经网络与一个 SVM 分类器组成的行为模型 (θ, W, a, b, F)。利用该模型即可对特定行为进行识别。当然，利用多个行为识别模型对多种行为类型进行分类识别时惩罚系数 C=10，其他如松弛变量等参数通过与数据自适应匹配得到。

7.5 实例分析

7.5.1 UCF Sports 行为数据库

本实验选用佛罗里达大学计算机视觉研究中心提出的 UCF Sports 人体行为数据库进行分析和讨论，该数据库包含 10 类行为类别，相关行为视频来源于 BBC、ESPN 等体育频道。UCF Sports 数据集中有包含 10 种行为的 150 个视频，该数据库共包含 150 个行为视频序列，对于不同的行为类别，这些视频的拍摄场景各不相同，而且拍摄视角非常广。这 10 种行为分别是：跳水（Diving-side）、漫步（Walk）、踢腿（Kicking）、举重（Lifting）、骑马（Riding-Horse）、单杠上旋转（Swing-SideAngle）、滑板（SkateBoarding）、跳马上旋转（Swing-Bench）、打高尔夫（Golf）和跑步（Run），UCF Sports 数据库里部分视频中的图像如图 7.4 所示。

对这种采集于各种视角下的真实混乱场景中的运动行为进行识别，非常具有挑战性。将 UCF Sports 行为数据库分割为包含 103 个视频样本的训练集与包含 47 个行为样本的测试集。这种分割方式能最大化地降低训练集与测试集的背景关联度。由于训练样本的数量比较少，本章所提方法使用数据扩充的方法增加训练集

中视频样本的个数。

在该数据库上，设计了以下三组实验。

(a) 跳水　(b) 漫步　(c) 踢腿　(d) 举重　(e) 骑马

(f) 单杠上旋转　(g) 滑板　(h) 跳马上旋转　(i) 打高尔夫　(j) 跑步

图 7.4　UCF Sports 数据库部分行为图像

1. 特定行为类别的识别实验

在该实验中，每个行为跟踪序列都被分割为 2×6 个视频块，通过实验评估了参数 K 取不同值时对实验结果的影响，参数 K 被设置为 300，K 是神经网络架构的第一层网络中每个 RBM 的输出神经元的个数。识别结果如图 7.5 及表 7.1 所示。

混淆矩阵

	跳水	漫步	踢腿	举重	骑马	单杠上旋转	滑板	跳马上旋转	打高尔夫	跑步
跳水	1.00	0.00	0.00	0.00	0.00	0.00	0.00	0.00	0.00	0.00
漫步	0.00	0.84	0.16	0.00	0.00	0.00	0.00	0.00	0.00	0.00
踢腿	0.00	0.00	1.00	0.00	0.00	0.00	0.00	0.00	0.00	0.00
举重	0.00	0.00	0.00	1.00	0.00	0.00	0.00	0.00	0.00	0.00
骑马	0.00	0.00	0.00	0.00	1.00	0.00	0.00	0.00	0.00	0.00
单杠上旋转	0.00	0.00	0.00	0.00	0.00	0.87	0.13	0.00	0.00	0.00
滑板	0.00	0.00	0.00	0.00	0.00	0.00	1.00	0.00	0.00	0.00
跳马上旋转	0.23	0.00	0.00	0.00	0.00	0.00	0.00	0.77	0.00	0.00
打高尔夫	0.00	0.00	0.00	0.00	0.00	0.00	0.00	0.00	1.00	0.00
跑步	0.00	0.00	0.00	0.00	0.00	0.21	0.06	0.00	0.00	0.73

图 7.5　UCF Sports 数据集分类结果

表 7.1 UCF Sports 数据库的行为平均识别率对比表

方法	平均识别率/%
BOW[210]	67.4
FCM[211]	73.1
DAP[212]	79.4
本章提出的方法	92.1

通过图 7.5 可知，本章提出的行为识别方法对 UCF Sports 数据集中的跳水、举重、骑马、踢腿、滑板和单杠上旋转行为能够给出正确地识别，对漫步、单杠上旋转、跳马上旋转和跑步行为的正确识别率分别为 84%、87%、77%及 73%，本书提出的方法对 UCF Sports 数据集中十种行为的平均识别率为 92.1%。

2. *K* 参数实验

在该数据库上进行的第二个实验，通过调整参数 K 的取值来观察神经网络第一层中每个 RBM 的输出神经元的个数对行为识别实验的影响。本节设置神经网络第二层的输出神经元的个数为 $S=1/3\times s_w\times s_h\times K$。在图 7.6 中，展示了神经网络第一层的每个 RBM 的输出神经元的个数 K，对 UCF Sports 行为数据库中的行为的平均识别率的影响。从该图中可以看出，K 的取值对行为识别的结果造成了直接的影响。这是因为，K 的取值直接决定了本书所设计的神经网络学习的时空特征基的个数。

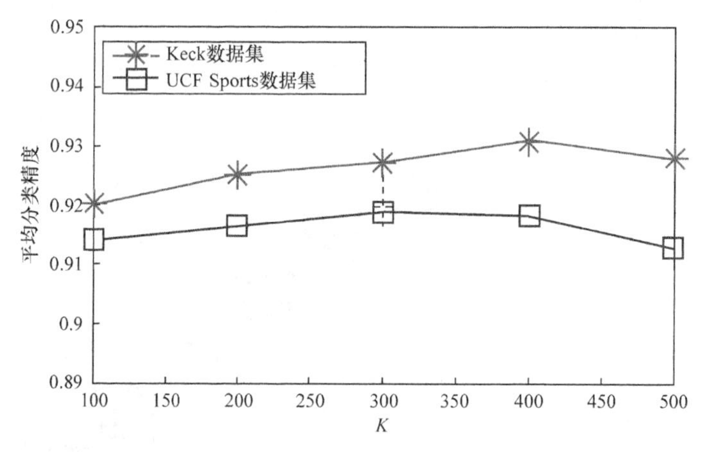

图 7.6 神经网络架构第一层的 RBM 的输出神经元的个数 K 对行为平均识别率的影响

3. 多类行为识别实验

为了与经典的行为识别算法进行比较，本章所提行为识别方法使用一对多(one-against-all)的 SVM 分类策略，实现了对多类行为的识别实验。根据对每类行为训练得到的神经网络与 SVM 分类器模型，在计算出测试集中的行为视频的视频块形状特征后，分别将其输入每种行为类别相对应的神经网络与 SVM 分类器。然后，通过比较各分类器的分类值，将输出分类值最大的分类模型对应的行为类别，作为多类行为识别实验中的测试视频的行为标签。

在该实验中，将从 UCF Sports 行为数据库的行为视频中检测生成的行为跟踪序列并将其分为 2×6 个视频块，将参数 K 设置为 300。多类行为识别的实验结果与其他多类行为识别算法的识别效果如表 7.2 所示。

表 7.2　UCF Sports 数据库的多类行为识别实验结果对比表

方法	平均识别率/%
文献[213]提出的方法	74.1
文献[214]提出的方法	85.1
文献[215]提出的方法	86.5
文献[212]提出的方法	88.6
本章提出的方法	91.3

从表 7.2 中可以知道，本章提出的算法在 UCF Sports 数据集上的平均行为识别率比 Mironică 等人[213]提出的算法提高了约 17.2%。Mironică 等将视频中每一帧图像的颜色直方图、HoG 等特征联合，并使用随机森林对这些数据进行聚类，找到聚类中心，然后用改进的局部聚合向量法对视频中所有帧得到的数据进行编码，将编码得到的向量作为视频的行为识别特征向量。该方法使用视频中的大量局部特征，然后通过编码的方法对数据进行降维，减小运算量。但是该方法的实质依然是手动设计的局部特征，并且对于巧妙制造并拼接的局部特征来说，简单的编码操作会导致有效信息的丢失。而本章提出的行为识别算法对关注点不同的四条图像序列单独操作，而后用深度学习进行特征学习，再进行 SVM 分类，因此得到的行为识别特征与 Mironică 等提出的方法相比更具有针对性，识别率更高。

从表 7.2 中可以知道，本章提出的行为识别算法在 UCF Sports 数据集上的平均行为识别率比 Souly 与 Shah[214]提出的算法提高了 6.2%。Souly 与 Shah 利用视频图像强度值通过学习和推理计算出视频对应的角点地图，并通过角点地图对视频的 HoG、词包等特征进行修剪和改进，从而将处理后的特征作为视频中的行为识别特征。此方法的本质在于对视频中手工制造的特征进行改进，通过学习剔除其中的冗余信息，加强有效信息，然而手工制造的特征在本质上只能涵盖所考虑到的信息，具有局限性。本章提出的算法是通过深度学习中的卷积神经网络对图像的特征进行学习和处理，剔除其中的冗余信息，加强有效信息。由于本书使用的深度学习进行的特征学习获得的特征含有更丰富的行为信息，因此利用本书方法得到的行为识别准确率要优于文献[214]提出的算法。

如表 7.2 所示，本章提出的算法在 UCF Sports 数据集上的平均行为识别率比 Le 等[215]提出的算法提高了约 4.8%。Le 等通过机器学习构造出针对静态图像边界特征的两层神经元结构的独立子空间分析模型，模型中的参数是通过批量投影梯度下降法训练得到的。然后利用堆叠卷积技术将此模型应用于视频图像序列，得到一种对边界的变化速度与旋转角度敏感，但对边界的位置或平移不敏感的人体行为识别特征。该特征是通过学习得到的，与手工制造的特征相比通用性较强，提取特征的有效性更好。然而该方法学习的本体是图像中的边界特征，特征类型较为单一，而本书使用深度学习理论分别提取行为过程中的时空特征，特征类型更为丰富，因此使用本书提出的方法较 Le 等提出的算法性能更好，精度更高。

从表 7.2 中可以看到，本章提出的算法在 UCF Sports 数据集上的平均行为识别率比 Rezazadegan 等[212]提出的算法提高了约 2.7%。Rezazadegan 等首先计算出视频中每幅图像对应的光流图，在光流图中使用 EdgeBoxes 算法[216]获取图像中的多个可能的候选前景区域；然后通过计算每个区域中光流图像素值的幅值之和，选出光流运动最大的区域作为该图像的前景区域；接着将彩色图像与光流图像中对应区域内的图像块送入训练好的卷积神经网络，并将时间特征与空间特征相融合；最后获得视频对应的人体行为识别特征。该方法用光流图的幅值来从多个候选区域中选择前景区域，导致鲁棒性较差，例如，“踢腿”这一行为中，关键位置在腿部，但是人体在踢腿时上半身特别是上臂肢体也会发生大幅度的摆动，而包含上半身的矩形区域中的前景像素比例大于下半身，因此算法会计算出人体上半身区域的像素光流幅值较大，从而误选择上半身区域作为前景区域，造成误判。而本书提出的算法利用深度学习来学习行为过程中的姿态信息，能够保证区域中包含较为完整的人体部位，确保其中包含运动行为的关键区域，对目标区域的获取更具有针对性，从而不丢失人体行为的关键信息，因此使用本书提出的方法得到的人体行为识别结果优于 Rezazadegan 等提出的方法。

7.5.2 KTH 行为数据库

为了更进一步的验证所提算法的行为识别效果，本实验在 KTH 行为数据库中进行行为识别实验。KTH 行为数据库[217]包含六种行为类别，即行为“waking(走)”、行为“jogging(慢跑)”、行为“running(跑)”、行为“boxing(拳击)”、行为“hand waving(挥手)”和行为“hand clapping(拍手)”。这六种行为分别由 25 个不同的人执行，并拍摄于四种不同的场景。这四种拍摄场景分别为室外场景“outdoors”(d1)、室外尺度变化场景“outdoors with scale variation”(d2)，室外的服饰变化场景“outdoors with different clothes”(d3)和室内场景“indoors”(d4)。该数据库共包含 2391 个行为视频序列，视频分辨率为 160×120。KTH 行为数据库的行为样本示例如图 7.7 所示。图 7.8 展示了对 KTH 行为数据库的所有场景进行行为分类识别实验得到的混淆矩阵。在实验中，位移空间中每个单元格的尺寸参数被设置为 $N=5$。具体识别结果如表 7.3 所示。为了进一步说明本章提出的方法在多类行为识别的有效性，将该数据库的四个场景作为一个较大的数据集整体进行行为识别实验。

图 7.7　KTH 行为数据库的样本示例

混淆矩阵

	拳击	拍手	挥手	慢跑	跑	走
拳击	0.95	0.03	0.02	0.00	0.00	0.00
拍手	0.03	0.95	0.02	0.00	0.00	0.00
挥手	0.01	0.06	0.93	0.00	0.00	0.00
慢跑	0.00	0.00	0.00	0.91	0.09	0.00
跑	0.00	0.00	0.00	0.09	0.90	0.01
走	0.00	0.00	0.00	0.00	0.00	1.00

(a) d1场景

混淆矩阵

	拳击	拍手	挥手	慢跑	跑	走
拳击	0.94	0.04	0.02	0.00	0.00	0.00
拍手	0.02	0.96	0.02	0.00	0.00	0.00
挥手	0.01	0.06	0.93	0.00	0.00	0.00
慢跑	0.00	0.00	0.00	0.89	0.11	0.00
跑	0.00	0.00	0.00	0.09	0.88	0.03
走	0.00	0.00	0.00	0.02	0.01	0.97

(b) d2场景

混淆矩阵

	拳击	拍手	挥手	慢跑	跑	走
拳击	0.94	0.04	0.02	0.00	0.00	0.00
拍手	0.00	1.00	0.00	0.00	0.00	0.00
挥手	0.01	0.04	0.95	0.00	0.00	0.00
慢跑	0.00	0.00	0.00	0.92	0.08	0.00
跑	0.00	0.00	0.00	0.07	0.91	0.02
走	0.00	0.00	0.00	0.03	0.00	0.97

(c) d3场景

混淆矩阵

	拳击	拍手	挥手	慢跑	跑	走
拳击	0.93	0.03	0.03	0.00	0.00	0.00
拍手	0.03	1.00	0.02	0.00	0.00	0.00
挥手	0.01	0.04	0.95	0.00	0.00	0.00
慢跑	0.00	0.00	0.00	0.90	0.10	0.00
跑	0.00	0.00	0.00	0.08	0.91	0.01
走	0.00	0.00	0.00	0.03	0.00	0.97

(d) d4场景

图 7.8　KTH 行为数据库行为分类的混淆矩阵

表 7.3　在 KTH 数据库的四个场景中行为识别算法的比较

方法	识别率/%			
	d1	d2	d3	d4
文献[218]提出的方法	96.8	85.2	92.3	85.8
文献[195]提出的方法	93.0	81.1	92.1	96.7
文献[219]提出的方法	94.4	84.8	89.8	85.7
本章提出的方法	94	92.8	94.8	94.3

从图 7.8 中可以看出，在四种场景下，行为“慢跑”的识别率都比较低。这是因为它与挥手、拍手相似。通过表 7.3 可知，本章所提算法在某些场景下较那些基于单类行为分类器的行为识别算法的识别效果更好，其他场景也与这些单类行为分类器的识别算法的识别效果相似，而且本章所提的算法是一个真正意义上的多类行为识别算法，在行为识别的执行效率上高于那些基于多个单类行为分类器的多类行为识别算法。

对于将KTH行为数据库的四个场景中所有数据作为一个整体进行行为识别的实验，该实验选择 19 个行为执行者的视频数据作为验证集，5 个行为执行者的视频数据作为训练集，其他的行为视频作为测试集。该行为识别实验的混淆矩阵如图 7.9 所示。本章所提算法与其他一些行为识别算法在KTH行为数据库上的识别效果如表 7.4 所示。从图 7.9 及表 7.4 可以看出，本章所提算法在行为识别方面具有较好的性能。

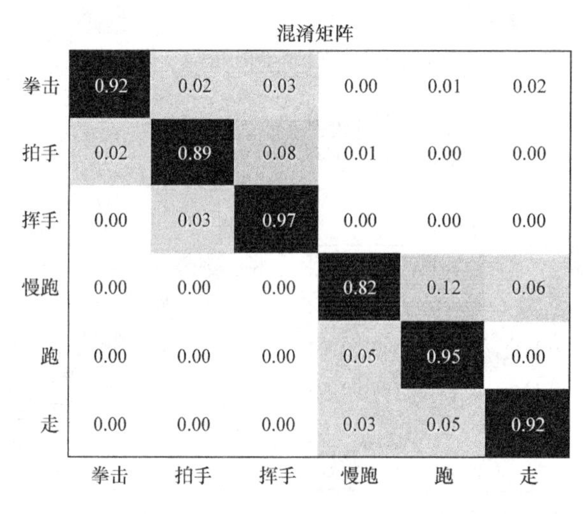

图 7.9　对 KTH 行为数据库进行行为识别的混淆矩阵

表 7.4　行为识别算法在 KTH 数据库上的识别性能的比较

方法	平均识别率/%
文献[218]提出的方法	88.8
文献[195]提出的方法	83.3
文献[219]提出的方法	80.9
本章提出的方法	91.2

7.5.3　sub-JHMDB 行为数据库

sub-JIIMDB 数据集[220]中有包含 12 种行为的 316 段视频，这 12 种行为分别是：接住、爬楼梯、打高尔夫、跳跃、踢球、拾起、引体向上、推、跑、投球、打棒球和漫步。数据集中给出了三种训练/测试集的分割方式，本节采用其中的第三种进行实验，其中有 224 段视频用于训练，其余 92 段视频用于测试。图 7.10 中给出了 sub-JHMDB 数据集里部分视频中的图像。具体行为识别效果如图 7.11 及表 7.5 所示。

(a) 打棒球　(b) 打高尔夫　(c) 接住　(d) 漫步

(e) 爬楼梯　(f) 跑　(g) 拾起　(h) 踢球

(i) 跳跃　(j) 投球　(k) 推　(l) 引体向上

图 7.10　sub-JHMDB 数据集里部分视频中的图像

从图 7.11 可以看出，本书提出的方法能较准确地识别 sub-JHMDB 数据集中的打高尔夫、引体向上、推、跑、接住、跳跃、投球及打棒球，对应的行为识别率分别为 100%、100%、89%、87%、87%、82%、73%和 71%；对漫步、踢球、拾起及爬楼梯的行为识别率分别为 69%、68%、66%和 65%。由于 sub-JHMDB 数据集中的行为比 UCF Sports 数据集中的行为更复杂，因此该行为识别的准确率偏低。

混淆矩阵

	接住	爬楼梯	打高尔夫	跳跃	踢球	拾起	引体向上	推	跑	投球	打棒球	漫步
接住	0.87	0.00	0.08	0.05	0.00	0.00	0.00	0.00	0.00	0.00	0.00	0.00
爬楼梯	0.00	0.65	0.00	0.00	0.00	0.00	0.00	0.12	0.23	0.00	0.00	0.00
打高尔夫	0.00	0.00	1.00	0.00	0.00	0.00	0.00	0.00	0.00	0.00	0.00	0.00
跳跃	0.00	0.00	0.00	0.82	0.00	0.00	0.00	0.00	0.18	0.00	0.00	0.00
踢球	0.10	0.00	0.22	0.00	0.68	0.00	0.00	0.00	0.00	0.00	0.00	0.00
拾起	0.00	0.00	0.00	0.00	0.00	0.66	0.00	0.12	0.22	0.00	0.00	0.00
引体向上	0.00	0.00	0.00	0.00	0.00	0.00	1.00	0.00	0.00	0.00	0.00	0.00
推	0.00	0.00	0.00	0.00	0.00	0.11	0.00	0.89	0.00	0.00	0.00	0.00
跑	0.00	0.00	0.00	0.00	0.13	0.00	0.00	0.00	0.87	0.00	0.00	0.00
投球	0.00	0.00	0.00	0.00	0.00	0.27	0.00	0.00	0.00	0.73	0.00	0.00
打棒球	0.00	0.00	0.18	0.00	0.00	0.00	0.00	0.11	0.00	0.00	0.71	0.00
漫步	0.00	0.00	0.00	0.00	0.00	0.00	0.00	0.00	0.31	0.00	0.00	0.69

图 7.11　sub-JHMDB 数据集分类结果

表 7.5　sub-JHMDB 数据集的对比实验结果

方法	平均识别率/%
文献[221]提出的方法	61.7
文献[222]提出的方法	62.5
文献[223]提出的方法	63.98
文献[224]提出的方法	69.3
本章提出的方法	79.8

表 7.5 给出了本书方法与其他主流算法在 sub-JHMDB 数据集上行为识别率的对比统计表。通过表 7.5 可知，本书提出的算法在 sub-JHMDB 数据集上的平均行为识别率比 Richard 和 Gall[221]提出的方法的平均行为识别率提高了 18.1%。Richard 和 Gall 通过对分类词包法进行改进，训练得到一种能够对视觉词汇的生成进行辨别和监督的递归神经网络，并利用支持向量机训练分类器，实现对人体行为进行识别与分类的目的。该方法中神经网络的输入数据是完整的原始图像帧，

没有考虑视频图像中不同部分对行为识别贡献不同的问题，并且对图像单独处理的方法没有考虑视频中的时间信息。而本章提出的方法能够利用初始化模型参数的深度学习理论对视频图像进行主动学习，能够得到更丰富的行为识别信息。

本书提出的算法在 sub-JHMDB 数据集上的平均行为识别率比 Gkioxari 和 Malik[222]提出方法的平均行为识别率高了 17.3%。Uijlings 等人[223]首先利用一种在彩色图像中选择与搜索物体的方法为视频的每一幅图像生成两千个候选图像块区域；然后将区域内对应光流图像素幅值小于阈值的区域剔除，用剩余的区域裁剪出对应的彩色图像块和光流图像块，并送入卷积神经网络进行处理；最后将视频所有图像块得到的向量相连接得到视频的行为识别特征。该方法通过计算图像块区域内的光流值来选择图像中的关键区域，存在的问题与 Rezazadegan 等提出的方法的问题类似，易导致关键区域的误选择。而本章提出的方法利用深度学习对行为过程中的姿态信息进行学习，能够保证区域中包含较为完整的人体部位，确保其中包含运动行为的关键区域，避免人体行为关键信息的丢失问题，因此得到的人体行为识别结果的准确率高于 Malik 等人提出的方法。

通过表 7.5 可知，本章提出的算法在 sub-JHMDB 数据集上的平均行为识别率比 Peng 等提出的方法[224]的平均行为识别率提高了 10.5%。Peng 等使用多层嵌套的 Fisher 向量编码方法获取视频中的行为表达特征。该方法在第一层中通过采样得到输入视频的改进密集轨迹特征，并用视频子段层面的 Fisher 编码对其进行压缩，获得原始的 Hsher 向量。由于第一层中得到的原始 Hsher 向量特征维度过高，所以在第二层中使用最大边缘学习法对这些数据进行投影，然后将处理后的数据再进行一次 Fisher 编码。二次编码后得到的向量作为人体行为识别的特征向量。该方法对视频密集轨迹特征的编码方法进行了改进，使用层叠的二次编码方法分层提取特征，比仅使用一次编码得到的特征更加精炼。然而该方法在本质上仍然是基于手动设计的特征得到的，其自我学习能力远不如本书使用的深度学习理论进行特征提取，因此本章所提方法得到的人体行为识别准确率优于 Peng 等提出的方法。

第 8 章　基于自适应小波的图像加密应用研究

小波变换是一种新的变换分析方法，同时也是一种新兴的数学分支，被认为是继傅里叶分析之后的又一有效的时频分析方法。小波变换可以通过伸缩、平移等运算功能对函数或者信号进行多尺度细化分析，解决了许多傅里叶变换不能解决的问题。小波分析在许多领域都得到了十分成功的应用，如在信号识别与诊断、图像压缩和识别、医学成像和诊断等。

8.1　连续小波变换

小波变换的一个重要特点是核函数的不固定性。假设$\psi(t)\in L^2(R)$是一个基本小波，a为尺度因子，b为平移因子，若$\psi(t)$的傅里叶变换$\hat{\psi}(t)$满足以下条件[225]：

$$c_\psi=\int_{-\infty}^{+\infty}\frac{\left|\hat{\psi}(t)\right|^2}{|\omega|}\mathrm{d}\omega<\infty \tag{8.1}$$

则由基本小波$\psi(t)$通过平移和伸缩变换得到的小波基函数$\psi_{a,b}(t)$可以表示为

$$\psi_{a,b}(t)=\frac{1}{\sqrt{|a|}}\psi\left(\frac{t-b}{a}\right) \tag{8.2}$$

从定义可知，小波函数具有一定的局部性和震荡性，以及较快的衰减特性。a与b均为连续变量，当尺度因子变化时，小波的视频分辨率也会发生相应的变化。

设信号$f(t)$为平方可积函数，即$f(t)$的绝对值平方的积分为有限值的实值或复值可测函数，则信号$f(t)$的连续小波变换可以表示为

$$\mathrm{WT}_f(a,b)=\left\langle f(t),\psi_{a,b}(t)\right\rangle=\frac{1}{\sqrt{|a|}}\int_{-\infty}^{+\infty}f(t)\overline{\psi}\left(\frac{t-b}{a}\right)\mathrm{d}t \tag{8.3}$$

式中，$\overline{\psi}\left(\frac{t-b}{a}\right)$表示为$\psi\left(\frac{t-b}{a}\right)$的共轭，$\left\langle f(t),\psi_{a,b}(t)\right\rangle$表示内积运算。$\mathrm{WT}_f(a,b)$反映了信号$f(t)$在基函数$\psi_{a,b}(t)$上的投影。

该信号$f(t)$的小波逆变换重构公式表示为

$$f(t)=\frac{1}{c_\psi}\int_{-\infty}^{+\infty}\int_{-\infty}^{+\infty}\frac{1}{a^2}\mathrm{WT}_f(a,b)\psi_{a,b}(t)\mathrm{d}a\mathrm{d}b \tag{8.4}$$

式中，c_ψ表示基函数$\psi_{a,b}(t)$下的常数。

连续小波变换的基本思想就是由一簇函数形成的空间投影来表示信号，因此连续小波变换具有多分辨分析的特点以及较大的灵活性。

8.2 离散小波变换

连续小波变换中所选取的参数是连续的，但在实际的实验和应用中，往往不需要理论中的大量连续值，需要减少小波变换系数的冗余度。所以要对连续小波进行离散化，连续小波离散化就是对参数进行必要的采样，将小波基函数限定在一些离散的点上取值，这样有利于计算机的仿真运算[226]。相比之下，连续小波变换更适合用于理论的论证和分析，而离散小波更方便于计算机计算。

采用不同的方式对连续小波的不同参数进行离散化，如下所示[227]。

(1) 对尺度因子 a 以幂级数的方式进行离散化处理：

$$a = a_0^j \left(a_0 > 0, j \in \mathbf{Z}\right) \tag{8.5}$$

(2) 平移因子 b 以间隔 b_0 做均匀采样：

$$b = kb_0 a_0^j \left(b_0 \in \mathbf{R}, k \in \mathbf{Z}\right) \tag{8.6}$$

(3) 设 $\psi(t) \in L^2(R)$ ， $a_0 > 0$ 为常数，则 $\psi_{a,b}(t)$ 转换为离散小波：

$$\psi_{j,k}(t) = a_0^{-j/2} \psi\left(a_0^{-j}\, t - kb_0\right) \tag{8.7}$$

式中， $j,k \in \mathbf{Z}$ 。 $\psi_{j,k}(t)$ 对应的离散小波变换为

$$\mathrm{WT}_f(j,k) = \left\langle f(t), \psi_{j,k}(t) \right\rangle = \int_{-\infty}^{+\infty} f(t) \bar{\psi}_{j,k}(t) \mathrm{d}t \tag{8.8}$$

或写成如下形式：

$$\mathrm{WT}_f(j,k) = a_0^{-j/2} \int_{-\infty}^{+\infty} f(t) \psi\left(a_0^{-j}\, t - kb_0\right) \mathrm{d}t \tag{8.9}$$

与连续小波相比较，离散小波在一定程度上有效地减少了计算量，但仍存在冗余，为解决此问题引入了小波的多分辨率分析。

8.3 小波的多分辨率分析与 Mallat 算法

小波的多分辨率分析也可以称为多尺度分析，是小波分析中最重要的概念之一。多分辨率分析是一种逐级分析的方式，是建立在函数空间概念上的理论，也是小波变换在实际工程应用中的一个重要的方向。Mallat 和 Meyer 在多分辨率分析和图像处理研究成果的基础上提出了 Mallat 算法，实现了信号的塔式多分辨率分析与重构。

8.3.1 小波的多分辨率分析

多分辨率理论是从函数空间的角度出发，对函数的多分辨率特性进行研究，多分辨率的主要优点是在特定分辨率下无法发现的特性在另一种分辨率下很容易被发现。从多分辨率的角度来对小波变换进行分析，多分辨率在一定程度上简化数学和物理的解释过程，这种分析方法不仅提供了一种统一的小波构造框架，还给出了函数分解与重构的快速计算方法。

多分辨率分析的定义如下所示。

在$L^2(R)$空间中，一组具有逐级包含关系的闭子空间序列为$\left\{V_j\right\}_{j\in\mathbf{Z}}$，若$V_j$具有以下的性质。

(1)一致单调性：$V_j \subset V_{j+1}, \forall j \in \mathbf{Z}$。

(2)渐进完全性：$\bigcap_{j\in\mathbf{Z}} V_j = \{0\}; \bigcup_{j\in\mathbf{Z}} V_j = L^2(R)$。

(3)二尺度伸缩性：$f(t) \in V_j \Leftrightarrow f(2t) \in V_{j+1}, \forall j \in \mathbf{Z}$。

(4)位移不变性：$f(t) \in V_j, f(t-2^j k) \in V_{j+1}, \forall (j,k) \in \mathbf{Z}^2$。

(5)正交基(Riesz)存在性：在$L^2(R)$中存在一个尺度函数$\phi(t) \in V_0$，使得在子空间V_0中，$\left\{\phi(t-k), k \in \mathbf{Z}\right\}$可以构成一个正交基。

尺度函数与小波函数的定义如下所示。

尺度函数可以定义为$\phi(t) \in L^2(R)$的形式，通过整数为k的平移和尺度为j的伸缩变换后，得到一个尺度和位移均可变化的函数集合：

$$\phi_{j,k}(t) = 2^{-j/2}\phi(2^{-j}t-k) \tag{8.10}$$

定义在尺度j上的平移函数集合$\phi_{j,k}(t)$所组成的空间记为V_j，称为尺度为j的尺度空间。V_j中的任意函数一定可以表示为$\phi_{j,k}(t)$的线性组合：

$$V_j = \mathrm{span}\left\{\phi_{j,k}(t)\right\}, k \in \mathbf{Z} \tag{8.11}$$

对于任意函数$f(t) \in V_j$，有

$$f(t) = \sum_k a_k \phi_{j,k}(t) = 2^{-j/2}\sum_k a_k \phi\left(2^{-j}t-k\right) \tag{8.12}$$

因此，尺度空间就是由不同尺度下的尺度函数平移组成的集合构成的。

由多分辨率分析的单调性可以推出，在空间V_j上函数$f(t)$的正交投影包含了它在空间V_{j+1}上正交投影的全部信息。因此，将空间做二分解得到具有逐级包含关系的子空间，可以表示为

$$\cdots, V_0 = V_1 \oplus W_1, V_1 = V_2 \oplus W_2, \cdots \tag{8.13}$$

即$V_j = V_{j+1} \oplus W_{j+1}$，满足$W_{j+1} \perp V_{j+1}$。

对于$L^2(R)$，由渐进完全性的性质可知：

$$L^2(R) = V_0 \oplus W_1 \oplus W_2 \oplus W_3 \oplus W_4 \oplus \cdots \tag{8.14}$$

式中，$V_0 = W_{-1} \oplus W_{-2} \oplus \cdots \oplus W_{-\infty}$，式(8.14)也证明了子空间$W_{j+1}$的直和分解关系被用来表示$L^2(R)$的正确性。

若设$\left\{\psi_{j,k}(t)\right\}$为空间$W_j$下的一组正交基，有$\forall j,k \in \mathbf{Z}$，则$\psi_{j,k}(t)$的集合是构成$L^2(R)$的一组正交基。直和的子空间中的正交基合并后组成了$L^2(R)$上的标准正交基，可以表示为$2^{-j/2}\psi(2^{-j}t-k)$，其中$j,k \in \mathbf{Z}$。由相同的母函数通过平移及伸缩变换得到的正交小波基为$\psi_{j,k}(t)$。因此，$\psi(t)$也被称为小波函数。

综上可以总结出以下结论。

尺度函数如下式(8.15)所示：

$$\phi_{j,k}(t) = 2^{-j/2}\phi(2^{-j}t-k), \quad j,k \in \mathbf{Z} \tag{8.15}$$

小波函数如下式(8.16)所示：

$$\psi_{j,k}(t) = 2^{-j/2}\psi(2^{-j}t-k) \tag{8.16}$$

对所有的$j,k \in \mathbf{Z}$都是相互正交的。由于$\phi_{j,0}(t) = 2^{-j/2}\phi(2^{-j}t) \in V_j$，同时$V_{j-1} \in V_j$，$\phi_{j-1,k}(t)$是$V_{j-1}$空间上的正交归一基，所以$\phi_{j,0}(t) = 2^{-j/2}\phi(2^{-j}t) \in V_j$可以表示为$\phi_{j-1,k}(t)$的线性组合，即表示为$\phi_{j,0}(t) = \sum\limits_{k=-\infty}^{\infty} h_0(k)\phi_{j-1,k}(t)$。整理后可得

$$\phi(2^{-j}t) = \sqrt{2}\sum_{k=-\infty}^{\infty} h_0(k)\phi(2^{-(j-1)}t-k) \tag{8.17}$$

同理，可以类推到W_j和V_{j-1}之间，可得

$$\psi(2^{-j}t) = \sqrt{2}\sum_{k=-\infty}^{\infty} h_1(k)\phi(2^{-(j-1)}t-k) \tag{8.18}$$

式(8.17)和式(8.18)就是二尺度差分方程，方程中$h_0(k)$和$h_1(k)$所表示的是线性组合的权重。由于$\phi_{j-1,k}(t)$是正交归一基，所以$h_0(k)$和$h_1(k)$可以表示为

$$\begin{aligned} h_0(k) &= \left\langle \phi_{j,0}(t), \phi_{j-1,k}(t) \right\rangle \\ &= \left\langle \phi_{1,0}(t), \phi_{0,k}(t) \right\rangle \end{aligned} \tag{8.19}$$

$$h_1(k) = \left\langle \psi_{1,0}(t), \psi_{0,k}(t) \right\rangle \tag{8.20}$$

在相邻的尺度空间 V_j 和 V_{j+1} 以及相邻的尺度空间 V_j 和小波空间 W_{j+1} 中，均存在上述的二尺度关系。

将 $h_0(k)$ 和 $h_1(k)$ 的傅里叶变换分别表示为 $H_0(\omega)$ 和 $H_1(\omega)$，且它们都是周期为 2π 的周期函数。则存在如下关系：

$$H_0(\omega)=\sum_k h_0(k)\mathrm{e}^{-j\omega k}\text{，}\quad \sqrt{2}\phi(2\omega)=H_0(\omega)\phi(\omega)$$

$$H_1(\omega)=\sum_k h_1(k)\mathrm{e}^{-j\omega k}\text{，}\quad \sqrt{2}\psi(2\omega)=H_0(\omega)\phi(\omega)$$

滤波器 $H_0(\omega)$ 和 $H_1(\omega)$ 满足以下条件：

$$\left|H_0(\omega)\right|^2+\left|H_0(\omega+\pi)\right|^2=2 \tag{8.21}$$

$$\left|H_1(\omega)\right|^2+\left|H_1(\omega+\pi)\right|^2=2 \tag{8.22}$$

$$H_0(\omega)H_1(\omega)+H_0(\omega+\pi)H_1(\omega+\pi)=0 \tag{8.23}$$

式(8.21)和式(8.22)是设计 $H_0(\omega)$，$H_1(\omega)$ 的主要依据，式(8.23)给出了 $H_0(\omega)$ 和 $H_1(\omega)$ 之间的内在联系，即

$$H_1(\omega)=-\mathrm{e}^{-j\omega}H_0(\omega+\pi) \tag{8.24}$$

在时域中的表达式为

$$h_1(k)=(-1)^k h_0(1-k) \tag{8.25}$$

8.3.2　Mallat 算法

1989 年，在小波变换多分辨率分析理论和图像处理的应用中，Mallat 受到了塔算法的启迪，由此创造出了 Mallat 算法。Mallat 算法是一种根据多分辨率理论推出的信号塔式多分辨率分析与重构的快速算法，它的诞生标志着小波分析开始在广泛的领域中得到应用。

设 $f(t)\in V_{j-1}$，式(8.12)可表示为

$$f(t)=\sum_k a_k^{j-1}\phi_{j-1,k}(t) \tag{8.26}$$

同时将函数 $f(t)$ 投影到 V_j 和 W_j 空间中，可得

$$f(t)=\sum_k a_k^j\phi_{j,k}(t)+\sum_k d_k^j\psi_{j,k}(t) \tag{8.27}$$

式中，尺度系数 a_k^j 和小波系数 d_k^j 分别满足如下条件：

$$a_k^j = \left\langle f(t), \phi_{j,k}(t) \right\rangle = \int_{-\infty}^{\infty} f(t) 2^{-j/2} \phi(2^{-j} t - k) \mathrm{d}t$$
$$d_k^j = \left\langle f(t), \psi_{j,k}(t) \right\rangle = \int_{-\infty}^{\infty} f(t) 2^{-j/2} \psi(2^{-j} t - k) \mathrm{d}t \tag{8.28}$$

根据式(8.17)及式(8.18)可以推出：

$$\phi_{j,k}(t) = 2^{-j/2} \phi(2^{-j} t - k) = \sum_m h_0(m-2k) \phi_{j-1,m}(t) \tag{8.29}$$
$$\psi_{j,k}(t) = \sum_m h_1(m-2k) \phi_{j-1,m}(t)$$

因此可以结合式(8.28)推出尺度系数 a_k^j 的表达式：

$$\begin{aligned} a_k^j &= \left\langle f(t), \phi_{j,k}(t) \right\rangle \\ &= \left\langle f(t), \sum_m h_0(m-2k) \phi_{j-1,m}(t) \right\rangle \\ &= \sum_m h_0(m-2k) a_m^{j-1} \end{aligned} \tag{8.30}$$

同理小波系数 d_k^j 可以表示为

$$d_k^j = \left\langle f(t), \psi_{j,k}(t) \right\rangle = \sum_m h_1(m-2k) a_m^{j-1} \tag{8.31}$$

图 8.1 和图 8.2 分别给出了 Mallat 算法的分解和重构的示意图。

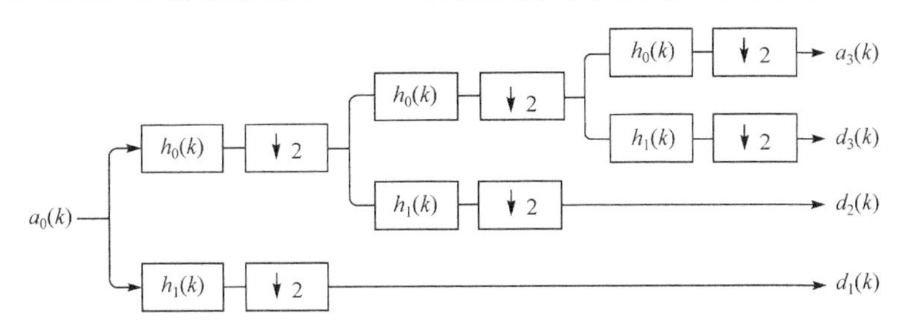

图 8.1　Mallat 算法分解示意图

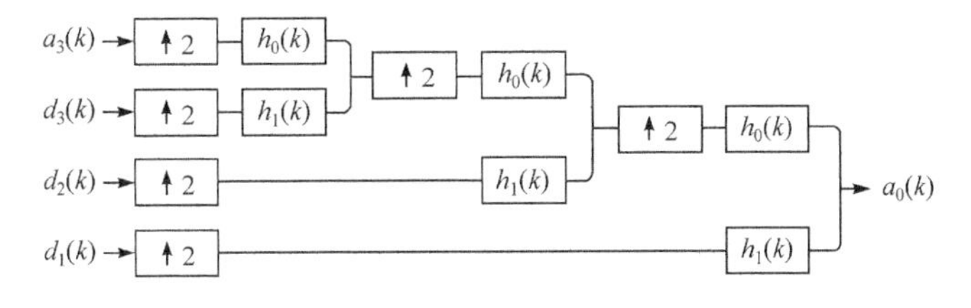

图 8.2　Mallat 算法重构示意图

8.4 基于提升的小波变换

自小波诞生到现在四十多年间，许多小波和滤波器组的构造方法被提出，但这些方法大多数在频域中构造，而且构造的过程较为烦琐。1995 年，贝尔实验室的 Sweldens 博士提出了一种全新的在时域中采用提升方法来构造小波。在改进小波变换的基础上，实现了提升步骤，提升小波变换又被称为第二代小波变换。基于提升的小波在计算过程中，其复杂度降低了一半多，计算效率得到大幅度的提高，这些进步有利于小波变换的应用与发展。提升小波的分解与重构如图 8.3 所示。

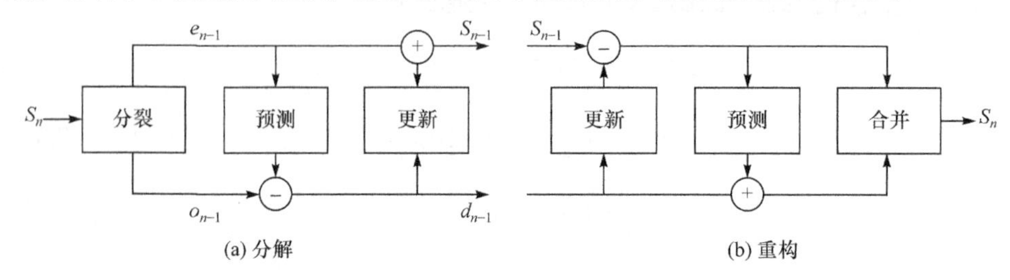

图 8.3 提升小波分解重构示意图

(1) 分解。

将原始信号 $s_n=\left\{s_{n,l}\right\}$ 分解为两个集合，按照 n 的奇偶性划分为偶序列 e_{n-1} 与奇数序列 o_{n-1}，并且满足 $\left\{e_{n-1,l/2}\right\}=\left\{o_{n-1,l/2}\right\}=\frac{1}{2}\left\{s_{n,l}\right\}$，即

$$\text{Split}\left(s_n\right)=\left(e_{n-1},o_{n-1}\right) \tag{8.32}$$

式中，$e_{n-1}=\left\{e_{n-1,l}=s_{n,2l}\right\}$，$o_{n-1}=\left\{o_{n-1,l}=s_{n,2l+1}\right\}$。

(2) 预测。

集合 e_{n-1} 和 o_{n-1} 在 $\left\{s_{n,l}\right\}$ 中交叉分布并具有一定得相关性，因此可以通过 e_{n-1} 来预测另一个 o_{n-1} 的值。o_{n-1} 与 e_{n-1} 的预测值 $P(e_{n-1})$ 之间的偏差量用集合 d_{n-1} 来表示，称 d_{n-1} 为小波系数，对应原始信号 s_n 的高频部分，表达式为

$$d_{n-1}=o_{n-1}-P(e_{n-1}) \tag{8.33}$$

式中，P 为预测算子，可以取 e_{n-1} 中的值：

$$P(e_{n-1,l})=e_{n-1,l}=s_{n,2l}$$

或者取相邻数据的平均值：

$$P(e_{n-1,l})=\frac{e_{n-1,l}+e_{n-1,l+1}}{2}$$

$$=\frac{s_{n,2l}+s_{n,2l+1}}{2}$$

或者用其他更复杂的函数来预测。

(3) 更新。

利用步骤 (2) 中得出的偏差量 d_{n-1} 来修正新数据可能会丢失的原始信号 s_n 的特征，所以需要更新数据，表达式如下：

$$s_{n-1} = e_{n-1} + U(d_{n-1}) \tag{8.34}$$

式中，U 为更新算子，同样可以取不同的函数；s_{n-1} 为尺度系数，对应原始信号 s_n 的低频部。

上述过程的逆过程就是提升小波的重构过程，重构的具体步骤如下所示。

(1) 反更新。

$$e_{n-1} = s_{n-1} - U(d_{n-1}) \tag{8.35}$$

(2) 反预测。

$$o_{n-1} = d_{n-1} + P(e_{n-1}) \tag{8.36}$$

(3) 合并。

$$s_n = \text{Merge}(e_{n-1}, o_{n-1}) \tag{8.37}$$

对于上述的小波来说，预测算子 P 和更新算子 U 可以取不同的函数，函数的种类多种多样，所以通过上述方法构造出来的小波也千差万别。

基于提升的小波变换主要具有如下特点。

(1) 运算效率高。与 Mallat 算法相比，提升的小波变换运算速率有将近一倍的提升。

(2) 具有多分辨率的特性。

(3) 具有位计算的特性，小波系数可以替代原始图像，不需要辅助内存。

(4) 自适应性，可以自适应的选择预测算子和更新算子。

(5) 兼容性，提升方案基本适用于所有的传统小波。

(6) 逆变换容易实现。

(7) 可以实现整数小波变换。

8.5　二维图像小波变换

因为图像信号本身可以看成是一种二维信号，所以在图像处理的实际应用中，对图像进行二维的小波变换也就是对其进行分解，如图 8.4 所示。

(1) 对所要分解的图像矩阵的每一行(列)进行一次一维小波变换，常称这一步骤为“行(列)变换”。

(2) 对行(列)变换后图像矩阵的每一列(行)再次进行一次一维小波变换，常称这一步骤为“列(行)变换”。

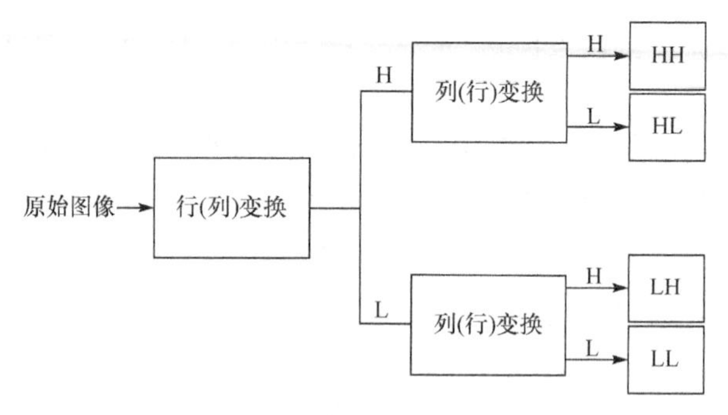

图 8.4 二维小波变换结构图

通过以上步骤，就完成了图像的二维离散小波变换，逆二维小波变换就是其相反过程。对图像完成一次二维小波变换后，原始图像会被划分为 4 个不同的部分，各部分的尺寸都变为原来的 1/4，原始图像无论先进行或列变换，分解的结果都不受影响。在图像进行多级分解的过程中，每次分解的对象都是图像的低频部分。当需要对图像进行 m 级分解时，可以分解出 $(2m+1)$ 个部分。图像的小波分解示意图如图 8.5 所示。

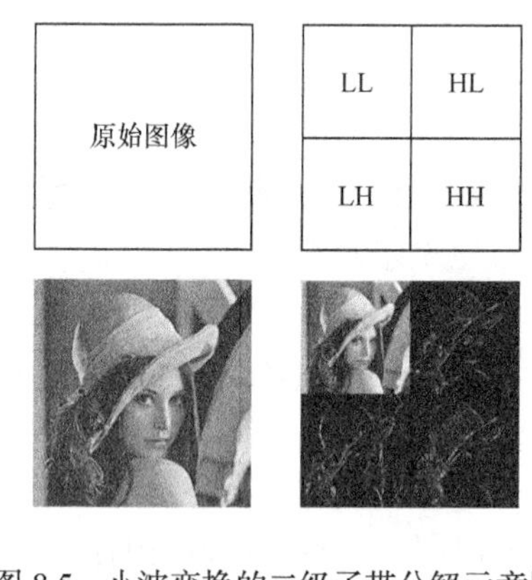

图 8.5 小波变换的二级子带分解示意图

在图中 8.5 中，LL 表示图像的低频部分，LL 保存了原始图像的大部分信息；LH、HL、HH 均表示图像的高频部分，LH 表示图像在水平方向的细节部分，HL 表示图像在垂直方向的细节部分，HH 表示图像在对角方向的细节部分；在数字图像的分解中，高频部分往往包含了图像的边界、轮廓等细节信息。

8.6 加密方案设计

图像加密技术按照作用域被分为两类：图像的空域加密和图像的频域加密。图像的空域加密可以实现高速高效的加密算法，因此在各个领域被广泛使用。但随着人们对加密的需求不断提高，由于图像空域的加密算法在抵抗外部攻击的能力较弱，图像频域的加密算法逐渐得到了发展。图像的频域加密算法就是使用数学变换将图像从空间域变换到频域表示，对频域中的系数进行加密操作后得到密文图像，解密需要再通过反变换得到明文图像。图像从空域变换到频域的方法有许多，广泛使用的有离散傅里叶变换、离散余弦变换、小波变换等。

频域加密算法具有较强的初值敏感性，在抵抗外界攻击方面具有较强的鲁棒性。在频域的小波变换中，基于提升的小波变换的计算复杂度低，可以有效地节约计算成本，并且相对减少了在解密运算中图像信息的丢失。本书就利用了小波提升的这个优点并结合了优化算法，设计出一种全新的加密算法。

本书提出的基于自适应小波的数字图像加密算法主要分为以下两个模块。

加密算法模块 1 如图 8.6 所示。首先根据明文图像，使用优化算法对基于提升 9/7 小波变换进行优化，提升小波变换的自适应性。然后使用优化后的自适应小波对明文图像进行小波分解，得到明文图像的低频系数和高频系数。最后使用两个具有不同参数的 Logistic 混沌映射来产生一组双混沌序列，并对图像分解后的低频子带系数进行置乱和混淆操作，将置乱后的低频系数与高频系数进行小波重构，可以得到第一次加密后的置乱图像。到此完成了模块 1 的加密，Logistic 混沌映射的参数和初值 r, μ, x_0, y_0 作为加密模块 1 的密钥。为了提高算法的安全性，对置乱的图像进行第二次加密。

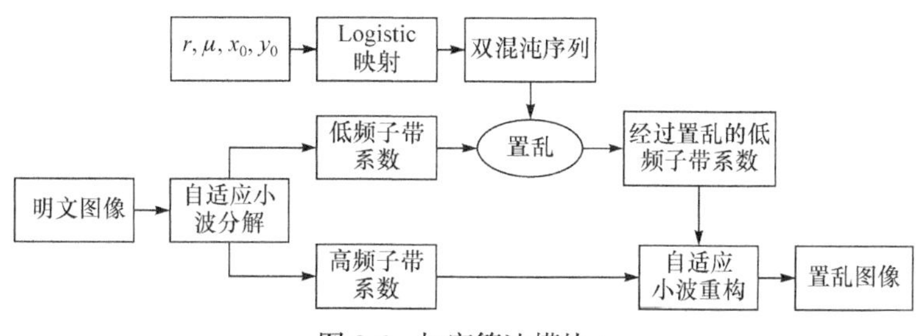

图 8.6　加密算法模块 1

加密算法模块 2 如图 8.7 所示。得到模块 1 加密的置乱图像后，先对置乱图像进行填充和分块操作；再将置乱图像平均分为 4 个子图像，SHA-1 密钥根据明文图像通过 SHA-1 算法生成；最后根据 SHA-1 密钥 K 的值进行两种不同模式的自适应循环加密。

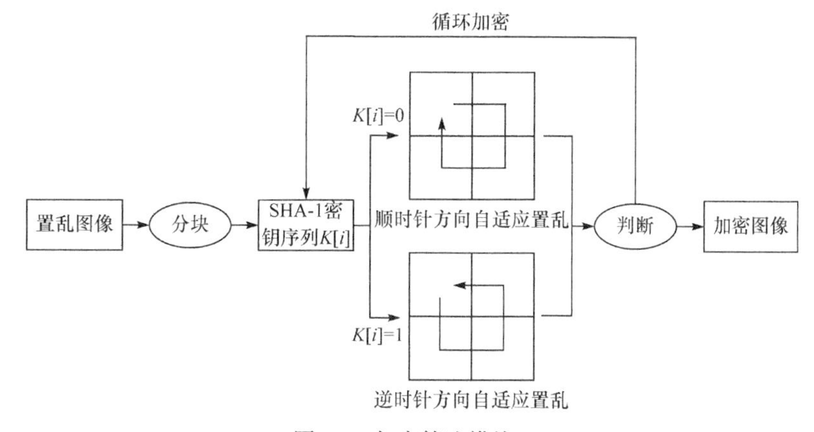

图 8.7　加密算法模块 2

8.7　基于提升算法的 9/7 小波变换

将有限长度滤波器在分解端与重构端的低通滤波器函数分别表示为

$$H(\omega)=\sum_{n=-N_1}^{N_2} h_n \mathrm{e}^{-in\omega} \tag{8.38}$$

$$G(\omega)=\sum_{n=-M_1}^{M_2} g_n \mathrm{e}^{-in\omega} \tag{8.39}$$

双正交小波构造定理如下所示。

设 $H(\omega)=\sqrt{2}\left[(1+\mathrm{e}^{-i\omega})/2\right]^{N} P(\omega)$，$G(\omega)=\sqrt{2}\left[(1+\mathrm{e}^{-i\omega})/2\right]^{\tilde{N}} \tilde{P}(\omega)$（其中 $\tilde{N}$ 表示所构造小波的空间维数），且 $P(\omega)$ 与 $\tilde{P}(\omega)$ 是关于 $\mathrm{e}^{-i\omega}$ 的多项式，若满足以下条件，则一对双正交小波滤波器可以依据式(8.38)和式(8.39)中的 $H(\omega)$ 与 $G(\omega)$ 构造产生。

① 归一化，$H(0)=\sqrt{2}$，$G(0)=\sqrt{2}$。

② $\sup\limits_{\omega\in[0,2\pi)}\left|P(\omega)\right|<2^{N-1}$，$\sup\limits_{\omega\in[0,2\pi)}\left|\tilde{P}(\omega)\right|<2^{\tilde{N}-1}$。

③ $H(\omega)G(\omega)+H(\omega+\pi)G(\omega+\pi)=2$ 处处成立。

在一般的 9/7 小波变换中，低通滤波器系数和高通滤波器系数分别为 9 和 7。将以上滤波器系数 $h[n]$、$g[n]$ 分为奇数项和偶数项，式(8.40)是通过对 Z 变换得到的，具体为

$$\begin{aligned}
H_{\mathrm{e}}(z)&=h_0+h_2(z+z^{-1})+h_4(z^2+z^{-2})\\
H_{\mathrm{o}}(z)&=h_1(z+1)+h_3(z^2+z^{-1})\\
G_{\mathrm{e}}(z)&=g_1(1+z^{-1})+g_3(z+z^{-2})\\
G_{\mathrm{o}}(z)&=-g_0-g_2(z+z^{-1})
\end{aligned} \tag{8.40}$$

将式(8.40)代入 9/7 小波分解端的多项矩阵 $P_a(z)$ 中，可得

$$P_a(z)=\begin{bmatrix} H_{\mathrm{e}}(z) & G_{\mathrm{e}}(z) \\ H_{\mathrm{o}}(z) & G_{\mathrm{o}}(z) \end{bmatrix} \tag{8.41}$$

采用文献[227]的记法，可将多项矩阵 $P_a(z)$ 表示为

$$P_a(z)=P_1P_2P_3P_4P_5 \tag{8.42}$$

式中

$$P_1=\begin{bmatrix} \zeta & 0 \\ 0 & -1/\zeta \end{bmatrix},\quad P_2=\begin{bmatrix} 1 & \delta(1+z) \\ 0 & 1 \end{bmatrix},\quad P_3=\begin{bmatrix} 1 & 0 \\ \gamma(1+z^{-1}) & 1 \end{bmatrix}$$

$$P_4=\begin{bmatrix}1 & \beta(1+z)\\ 0 & 1\end{bmatrix},\quad P_5=\begin{bmatrix}1 & 0\\ \alpha(1+z^{-1}) & 1\end{bmatrix}$$

式中，$\zeta,\delta,\gamma,\beta$ 和 α 为变量系数。

8.8　提升小波变换的自适应优化

传统的提升结构在实际应用中存在着很大的局限性。在传统的结构中，预测和更新算子是固定的不可改变的。在逐步改进提升自适应小波变换的基础上，根据原始信号的局部特征，对线性预测算子或更新算子进行自适应调整，以此来获取误差更小的近似信号。

根据本书对提升算法的分析，对原始信号 $x(n)$ 进行提升小波分解，用 α 、β 、γ 、δ 、ζ 来表示提升算法过程中函数 P 和 U 产生的系数，基于提升算法的 9/7 小波变换过程如下所示。

(1) 奇偶分解。

$$\begin{aligned} s_i^{(0)} &= x_{2i} \\ d_i^{(0)} &= x_{2i+1} \end{aligned} \tag{8.43}$$

(2) 两次提升。

$$\begin{aligned} d_i^{(1)} &= d_i^{(0)} + \alpha\left(s_i^{(0)} + s_{i+1}^{(0)}\right) \\ s_i^{(1)} &= s_i^{(0)} + \beta\left(d_i^{(1)} + d_{i-1}^{(1)}\right) \\ d_i^{(2)} &= d_i^{(1)} + \gamma\left(s_i^{(1)} + s_{i+1}^{(1)}\right) \\ s_i^{(2)} &= s_i^{(1)} + \delta\left(d_i^{(2)} + d_{i-1}^{(2)}\right) \end{aligned} \tag{8.44}$$

(3) 数值改变。

$$\begin{aligned} s_i &= \zeta s_i^{(2)} \\ d_i &= d_i^{(2)}/\zeta \end{aligned} \tag{8.45}$$

原始图像自适应匹配提升小波就相当于自适应的选择小波相关参数。为了方便优化计算，设向量 $t=(\alpha,\beta,\gamma,\delta,\zeta)$ ，f 表示原始图像，$W(t)$ 表示提升小波变换。通过优化算法确定 α 、β 、γ 、δ 、ζ 的值后，就可以确定 9/7 小波的自适应分解。

根据文献[227]的选取准则，对提升小波变换进行优化，使得小波变换后小波系数的稀疏性得到提升。通过对式(8.46)的优化来取得最佳参数：

$$(\hat{t},\hat{v})=\underset{t,v}{\arg\min}\left\|v-W(t)f\right\|_2^2+\lambda\left\|v\right\|_1 \tag{8.46}$$

式中，向量t为参数向量，系数$W(t)f$进行稀疏逼近后的系数用未知量v表示。其中式(8.46)包含了两个未知量的模型，采用文献[76]提出的交替方向法对式(8.46)分解过程分别进行优化求解：

$$v^{(k+1)} = \arg\min_{v} \left\| v - W\left(t^{(k)}\right) f \right\|_2^2 + \lambda \|v\|_1 \tag{8.47}$$

$$t^{(k+1)} = \arg\min_{t} \left\| v^{(k+1)} - W(t) f \right\|_2^2 + \lambda \left\| v^{(k+1)} \right\|_1 \tag{8.48}$$

8.9　混沌映射置乱低频系数

本书提出的加密算法中，运用了混沌理论中经典的 Logistic 混沌系统，它是目前使用最广泛，研究最成熟的混沌系统。Logistic 混沌系统属于一维的混沌系统，正因为其复杂的动力学行为而在图像加密领域广泛应用。如式(8.49)和式(8.50)是两个参数不同的一维 Logistic 映射的方程：

$$x_{n+1} = r x_n (1 - x_n),\ 0 \leqslant r \leqslant 4,\ x_n \in (0,1) \tag{8.49}$$

$$y_{n+1} = \mu y_n (1 - y_n),\ 0 \leqslant \mu \leqslant 4,\ y_n \in (0,1) \tag{8.50}$$

式中，r、μ是参数。当$r, \mu \in (3.5699456, 4)$时，系统处于混沌状态[7]。本书加密算法中，使用混沌置乱低频系数的过程如下所示。

(1)将待置乱的低频系数作为一个$M \times N$的数值矩阵X，矩阵中的每一个元素代表一个像素值，其中每个元素$a_i \in [0, 255]$。将矩阵X中$M \times N$个像素值转换成8位的二进制数来表示，用$l(m,n)$来表示每个像素点的位置，其中$m \in [0, M-1]$，$n \in [0, N-1]$。设置混沌映射的初始值x_0和参数r，通过 Logistic 混沌映射(8.49)迭代产生一组混沌序列$\{x_0, x_1, \cdots, x_k\}$，其中$k = 1, 2, \cdots$。将$r$和$x_0$作为系统的密钥。根据式(8.51)规则对混沌序列$\{x_0, x_1, \cdots, x_k\}$进行离散化计算：

$$s_k = \begin{cases} 0, & x_1 < 0.45,\ \ k = 1;\ \ x_k < x_{k-1},\ \ k > 1 \\ 1, & x_1 \geqslant 0.45,\ \ k = 1;\ \ x_k \geqslant x_{k-1},\ \ k > 1 \end{cases} \tag{8.51}$$

对混沌序列$\{x_0, x_1, \cdots, x_k\}$进行离散化计算后，得到一组由 0 和 1 组成的集合$\{s_k\}$。当$m+n$的和为一个偶数时，选取离散化集合$\{s_k\}$中的$\{s_{m+n}, s_{m+n+1}, \cdots, s_{m+n+7}\}$与$l(m,n)$的 8 位二进制数进行异或运算。当$m+n$的和为奇数时，将$l(m, n)$的前四位与后四位交换位置，再与离散化序列$s_k$中的$\{s_{m+n}, s_{m+n+1}, \cdots, s_{m+n+7}\}$进行异或运算。计算完成后产生了一个新的矩阵$X'$，每个元素用$l'(m,n)$表示。

(2)由式(8.50)生成一组混沌序列$\{y_0, y_1, \cdots, y_k\}$，其中$k = 1, 2, \cdots$。参数$\mu$和初始值$y_0$作为混沌系统置乱的密钥，由式(8.51)对$\{y_0, y_1, \cdots, y_k\}$进行离散化计算，

得到离散化集合 $\{t_k\}$，t_k 的值为 0 或 1。设置 ONE、ZERO 和 COMBINE 三个初值为空的数组，对步骤(1)中 X' 进行重新排序，使用 MATLAB 中的 reshape 函数将 X' 转换成一维数组 $G(k)$。若 $t_k = 1$，则将 $G(k)$ 的值写入数组 ONE 中；若 $t_k = 0$，则将 $G(k)$ 的值写入数组 ZERO 中。将 ONE 与 ZERO 合并得到数组 COMBINE。利用 MATLAB 中的 reshape 函数，将数组 COMBINE 转换成 M 行 N 列的二维矩阵 X''，如式(8.52)所示：

$$X'' = \text{reshape}(\text{COMBINE}, M, N) \tag{8.52}$$

8.10　自适应循环加密

一个 $m \times n$ 尺寸的灰度图像可以表示为

$$A = \begin{bmatrix} a_{11} & a_{12} & \cdots & a_{1n} \\ a_{21} & a_{22} & \cdots & a_{2n} \\ \cdots & \cdots & \cdots & \cdots \\ a_{m1} & a_{m2} & \cdots & a_{mn} \end{bmatrix}$$

一个二维的遍历矩阵 $A_{m\times n}$ 是一个所有元素来自于集合 $\{1,2,3,\cdots,mn-1,mn\}$ 的双射函数 $A_{m\times n} = \{q(i,j): 1 \leqslant i \leqslant m, 1 \leqslant j \leqslant n\}$，对矩阵进行遍历其实就是对一个二维矩阵中的所有元素按一定的顺序进行访问。几个常用的遍历模型如图 8.8 所示。

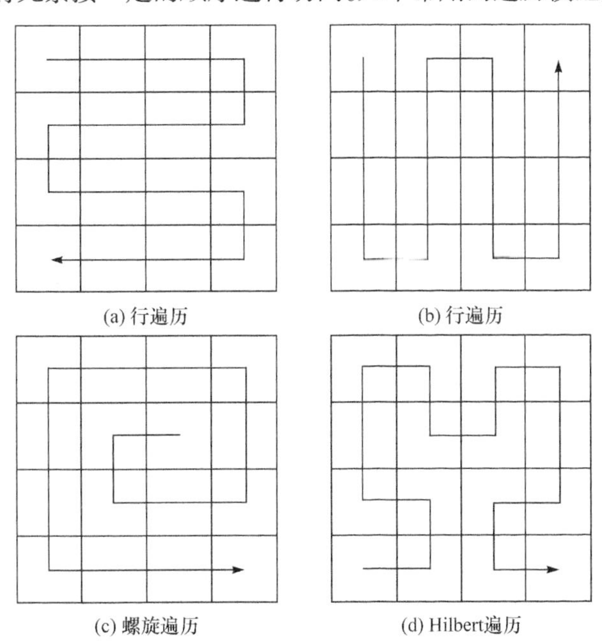

图 8.8　遍历模型图

1. 主遍历矩阵

一个 $m \times n$ 的矩阵被定义为一个遍历矩阵，如果该矩阵中的每一个元素都属于集合 $\{1,2,3,\cdots,mn-1,mn\}$ ，并且 $r(i,j)=r(i',j')$ ，那么存在 $i=i'$ 和 $j=j'$ ，记作 $r_{(i-1)n+j}=r(i,j)$ 。

图 8.9 所示矩阵为定义的一个主遍历矩阵。

$$\begin{bmatrix} 1 & 2 & 3 & \cdots & n \\ n+1 & n+2 & n+3 & \cdots & 2n \\ \cdots & \cdots & \cdots & \cdots & \cdots \\ (m-1)n+1 & (m-1)n+2 & (m-1)n+3 & \cdots & mn \end{bmatrix}_{mn}$$

图 8.9　主遍历矩阵图

实际上，在本书的算法中，主遍历矩阵就是代表一种排列顺序，代表元素之间按值的大小顺序排列。

2. 图像的置乱

$A_{m\times n}$ 为原始矩阵，要对 $A_{m\times n}$ 进行置乱，首先将 $R_{m\times n}$ 中的元素 r_{ij} 赋予 $A_{m\times n}$ 中每一个元素相应的标记值，即 $R_{m\times n}$ 中的元素 r_{ij} 为 a_{ij} 的标记值。 $A_{m\times n}$ 中的所有元素，根据标记值按图 8.9 中定义的主遍历矩阵的元素排列顺序进行重新排序，置乱后的矩阵为 A' 。例如下面矩阵的置乱：

$$A_{4\times4}=\begin{bmatrix} a_{11} & a_{12} & a_{13} & a_{14} \\ a_{21} & a_{22} & a_{23} & a_{24} \\ a_{31} & a_{32} & a_{33} & a_{34} \\ a_{41} & a_{42} & a_{43} & a_{44} \end{bmatrix} \xrightarrow{R=\begin{bmatrix} 5 & 11 & 7 & 12 \\ 14 & 1 & 8 & 3 \\ 16 & 6 & 4 & 9 \\ 2 & 13 & 15 & 10 \end{bmatrix}} A'_{4\times4}=\begin{bmatrix} a_{22} & a_{41} & a_{24} & a_{33} \\ a_{11} & a_{32} & a_{13} & a_{23} \\ a_{34} & a_{44} & a_{12} & a_{14} \\ a_{42} & a_{21} & a_{43} & a_{31} \end{bmatrix}$$

其中的遍历模型矩阵 $R_{m\times n}$ 可以随机选择，也可以使用特定的排序规则所组成的矩阵，比如 Arnold 排序、Hilbert 排序。

3. 遍历模型矩阵 $R_{m\times n}$ 的标准化

在上述的置乱过程中，当我们没有指定一个遍历模型 $R_{m\times n}$ 时，可以使用一个外部的随机矩阵作为上述过程中的一个遍历模型。在本书算法中，遍历模型 $R_{m\times n}$ 为加密算法模块 2 中分块后的子块，对其进行标准化的具体步骤如下所示。

(1) 对 $R_{m\times n}$ 中所有元素进行遍历。比较得出矩阵中的最小值，并标记为 1。如果出现多个相等的最小值元素，那么按左上最小值优先标记的原则依次进行标记。例如图 8.10 的标准化过程。

图 8.10　矩阵标准化图

(2)遵从第一步的原则，从小到大依次从 1 标记至 mn。直到所有元素转换为 1～mn 的正整数，才能作为一个标准化的遍历矩阵。

遍历矩阵实现的置乱算法，它可以置乱原始数据的位置，实现对原始图像进行的加密。本书加密算法模块 2 中对上述置乱算法进行改进，采用先对图像进行分块，再使用图像本身的子图像来作为加密过程中的遍历模型矩阵来实现自适应加密，并引入了 SHA-1 密钥序列对自适应加密算法进行循环，达到了提高算法安全性和自适应性的效果。在本书提出的加密算法模块 2 的完整加密步骤如下所示。

① 生成二进制的 SHA-1 密钥序列。

该算法中使用的密钥是对原始图像通过上面描述的 SHA-1 算法进行明文图像计算返回的一个 160 位值，即一组十六进制数共 40 位。将每一位十六进制数用 4 位二进制数值表示，最后形成了一组长度为 160 位的二进制密钥序列。通过原始图像得到了二进制密钥序列 K，如 1011001…。在加密过程中“0”和“1”分别代表了不同的加密模型。

② 图像分割。

将加密算法模块 1 处理后的置乱图像进行分块操作，首先要对图像进行填充，向图像中插入行或列，使其行数和列数均为偶数，填充行或列元素的大小在 0～255 之间，并将其作为密钥，同样解密时也需要去掉填充的部分；然后将调整后图像均分为四块，LH 表示左上的部分、LF 表示左下的部分、RH 表示右上的部分、RF 表示右下的部分。

③ 自适应加密。

此处依次判断 SHA-1 密钥序列的值和长度并进行加密。当 SHA-1 密钥序列中的值 $K[i]=0$ 时，分块图像按顺时针方向进行自适应置乱，如图 8.11 所示。

当 SHA-1 密钥序列中的值 $K[i]=1$ 时，分块图像按逆时针方向进行自适应置乱，如图 8.12 所示。

依次加密四个子块矩阵，以顺时针自适应加密为例。按照上述规则分别用 LH 作为索引加密 RH 得到 RH′，用 RH′ 作为索引加密 RF 得到 RF′，用 RF′ 作为索引加密 LF 得到 LF′；用 LF′ 作为索引加密 LH 得到 LH′。根据 SHA-1 密钥序列完成最后一次循环加密后，输出密文图像 A''。

④ 循环加密。

在进行完上述的步骤③后，执行以下操作：

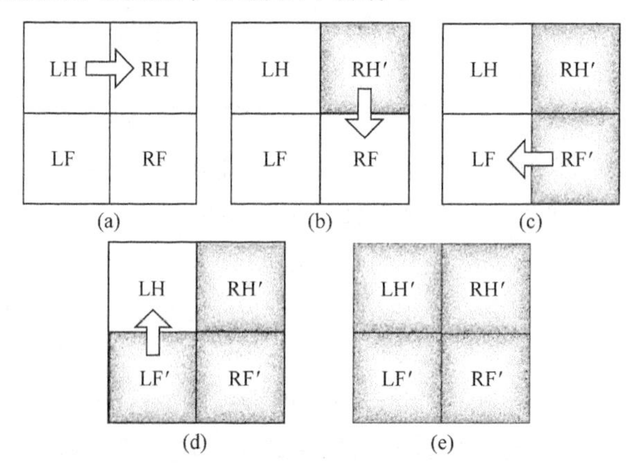

图 8.11　顺时针自适应置乱图

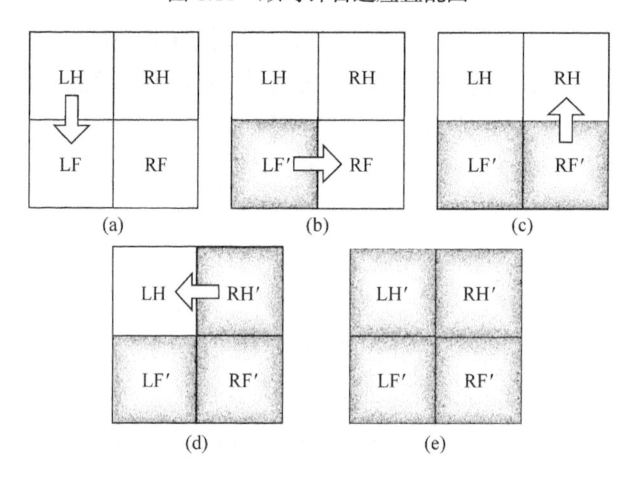

图 8.12　逆时针自适应置乱

$$\begin{cases}\text{继续执行步骤③}, & i < m \\ \text{加密结束}, & i = m\end{cases} \tag{8.53}$$

循环加密过程中，再次进行到步骤③时，将经过上一轮加密的 A'' 作为分块后的图像矩阵，进行循环加密。其中，i 的初始值为 0，表示已经进行循环加密的次数；m 可以为设定好的循环次数，也可以默认为 SHA-1 二进制序列的长度。

8.11　加密与解密算法实现步骤

设具有 L 级灰度的图像 O 大小为 $M \times N$ ，对其进行基于自适应小波的加密算法实现步骤如下所述。

(1) 按行读取明文图像矩阵 O 的元素，对读取的数据进行 SHA-1 计算，此时根据 SHA-1 算法会得到一个大小 160 位的值，即 40 位的 16 进制数，每一位 16 进制数可以用 4 位的二进制数值来表示，通过原始图像 O 得到了二进制密钥序列。考虑到加密算法效率，引入加密的阈值 $\varepsilon \in (0,160]$，此阈值为 0～160 之间的整数，ε 用来设定 $\text{key}_{\text{sha-1}}$ 中保留生成的二进制密钥序列的长度。

(2) 将原始的明文图像 O 进行 l 层的自适应小波分解，可以得到分解后大小为 $M_l \times N_l$ 的低频子带系数矩阵 LL_l。低频的自带系数矩阵对整个图像的视觉变化有决定性的作用。为了降低整个算法的运算复杂度，仅仅对低频子带系数矩阵 LL_l 进行进一步加密处理。

(3) 使用上述的基于混沌映射的置乱方法对矩阵 LL_l 进行置乱。此过程使用了两个参数不用的 Logistic 离散混沌系统，会产生四个参数作为密钥序列 $\text{key}_{\text{logistic}} = \{r, \mu, x_0, y_0\}$。经过此过程得到置乱后的低频子带系数矩阵 LL_l'。

(4) 将步骤 (3) 中置乱后的低频子带系数矩阵 LL_l' 与步骤 (2) 中分解出的高频子代系数矩阵进行小波重构，经过此过程可以得到置乱图像 O'。

(5) 将置乱图像 O' 的矩阵元素进行填充，使其行数和列数均为偶数，填充的行或列作为密钥 key_{add}。将填充过的 O' 图像进行分块，图像被平均分割为 4 个子块，为下一步的自适应置乱做好准备。

(6) 根据 $\text{key}_{\text{sha-1}}$ 中的值，使用不同的加密模式对分块图像进行加密。当 $\text{key}_{\text{sha-1}}[i] = 0$ 时，分块图像按顺时针方向进行自适应加密。当 $\text{key}_{\text{sha-1}}[i] = 1$ 时，分块图像按逆时针方向进行自适应加密。自适应加密具体过程在 8.10 节已经阐述。

(7) 此步骤采用了循环加密的方法来提高算法安全性。根据 $\text{key}_{\text{sha-1}}$ 的长度，利用步骤 (6) 进行加密。$\text{key}_{\text{sha-1}}$ 的长度为 ε，即进行 ε 次步骤 (6) 中的步骤，或者直至将 $\text{key}_{\text{sha-1}}$ 中的所有元素遍历一遍为止。循环加密结束后，得到加密图像 O''。

为了提高加密系统的安全性，我们把小波分解级数 l 和阈值 ε 也作为加密系统的密钥，记为 $\text{key}_{l,\varepsilon}$。综上，整个加密系统的密钥为

$$\text{key}=\{\text{key}_{l,\varepsilon},\text{key}_{\text{sha-1}},\text{key}_{\text{logistic}},\text{key}_{\text{add}}\} \tag{8.54}$$

解密算法的步骤为上述加密算法步骤的逆过程。同样涉及小波的分解与重构，混沌映射置乱低频系数以及根据 SHA-1 密钥序列进行循环的自适应置乱过程。具体的实现过程本节已有叙述，这里不再重复。需要注意的是在解密算法中，$\text{key}_{\text{sha-1}}$ 作为索引值时应该倒序读取。解密算法也分为两个模块进行，如图 8.13 和图 8.14 所示。

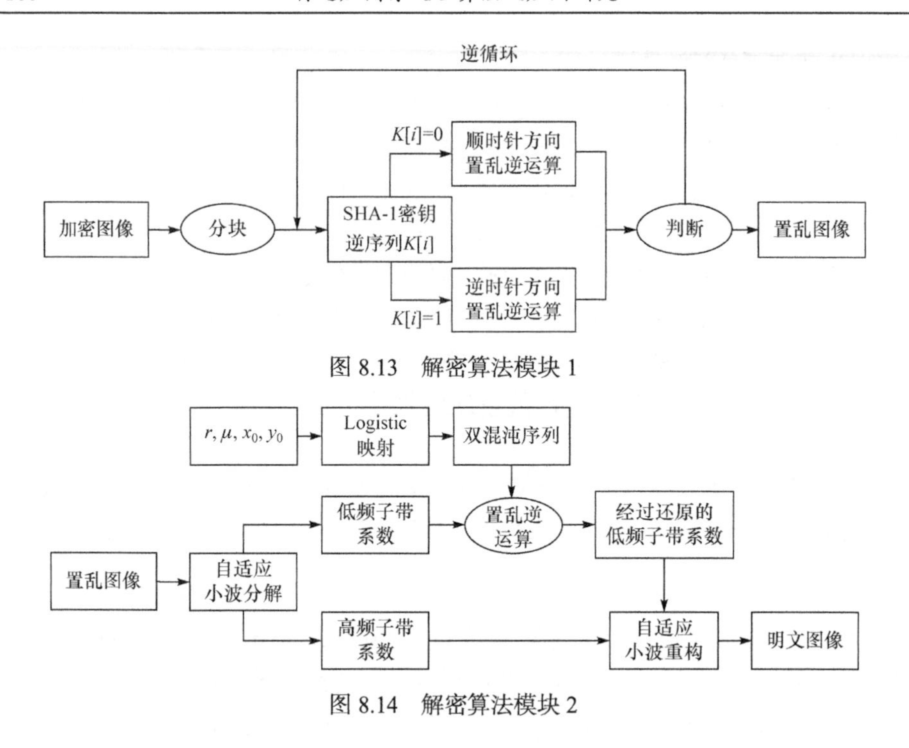

图 8.13 解密算法模块 1

图 8.14 解密算法模块 2

8.12 仿真实验结果及密钥安全性分析

本章提出的加密算法以 MATLAB R2015b 为仿真实验平台，选用256×256的 Lena 图像和256×256的 Peppers 图像为例进行实验和分析。明文图像如图 8.15 所示。

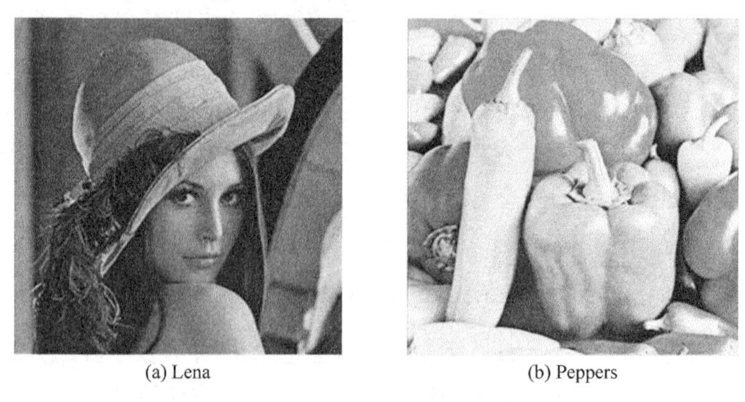

(a) Lena (b) Peppers

图 8.15 明文图像

用本章提出的加密算法分别对 Lena 与 Peppers 图像进行加密，得到的加密与解密图像如图 8.16 和图 8.17 所示，加密后的图像(b)中完全看不出任何与明文图像相关的信息，可见加密算法有效地隐藏了明文信息。

(a) 明文Lena图像

(b) 加密后Lena图像

(c) 解密后Lena图像

图 8.16　Lena 图像加密与解密图

(a) 明文Peppers图像

(b) 加密后Peppers图像

(c) 解密后Peppers图像

图 8.17　Peppers 图像加密与解密图

8.12.1　SHA-1 密钥对明文图像的敏感性分析

在本次实验中，首先将命名为“Lena.bmp”的明文图像存储在计算机中，并获取它的像素灰度矩阵 A。对“Lena.bmp”的像素灰度矩阵的最后一个像素灰度值进行更改，在其灰度值的数值上增加 1，并另存为一个新的像素灰度矩阵 B。使用 SHA-1 算法对像素灰度矩阵 A、B 分别进行计算，求得 A 和 B 的 40 位十六进制的密钥。

实验结果如下：

$$\text{SHA-1}(A) = \text{f63e4d53322963adbd4830291021df381399fa73}$$

$$\text{SHA-1}(B) = \text{9bb3af194b02e976a1e37cf9e38f7cfa59890730}$$

根据本书的循环加密原理，将上述的两个密钥分别转换为 160 位的二进制数进行比较，可以计算出两个二进制序列之间，不相同的位数占总位数的 57.857%。当明文图像的像素灰度矩阵中的元素有微小改变时，密钥 $\text{key}_{\text{sha-1}}$ 对明文图像有足够高的敏感性。

8.12.2　统计特性分析

1. 直方图分析

下面分别做出了Lena图像和Peppers图像的相关灰度直方图(图8.18和8.19)。

图8.18与图8.19中，(a)图表示明文图像的直方图，(b)图表示加密后密文图像的直方图。可以明显看出，图像在加密前后的灰度直方图有很大的变化，在直方图(b)中的像素灰度值已经基本呈现出均匀的分布状态。此数据可以表明，明文图像的有效信息在被掩盖的情况下，恶意攻击者就无法从密文图像中获取有效信息，有效地提升了图像信息的安全度。此举证明了该加密算法具有抵御恶意攻击的能力且有较高的安全性。

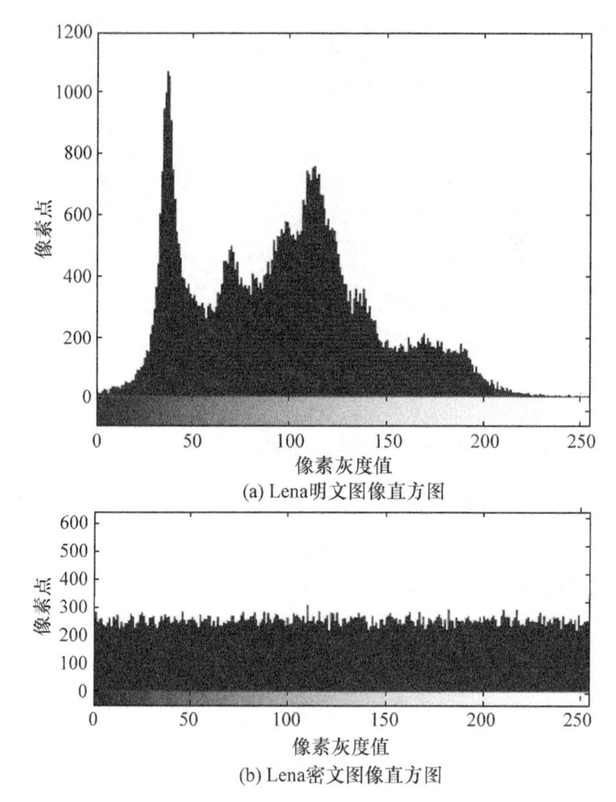

图8.18　Lena图像直方图分析

2. 相邻像素点的相关性分析

图像的像素数据之间具有较强的相关性是图像与文本数据之间最大的区别，直方图无法描绘图像像素的位置信息，只能反应图像像素的分布状态。明文图像的像素点之间的相关性体现在相邻的像素点之间的灰度值相同或差值很小，所以提高图像的加密效果的有效途径就是降低图像的相关性。为了验证本书算法的有效性，使用式(8.55)分别对 Lena 和 Peppers 图像的相邻像素进行计算，分析它们在加密前后的三个方向的相关系数(表 8.1)。

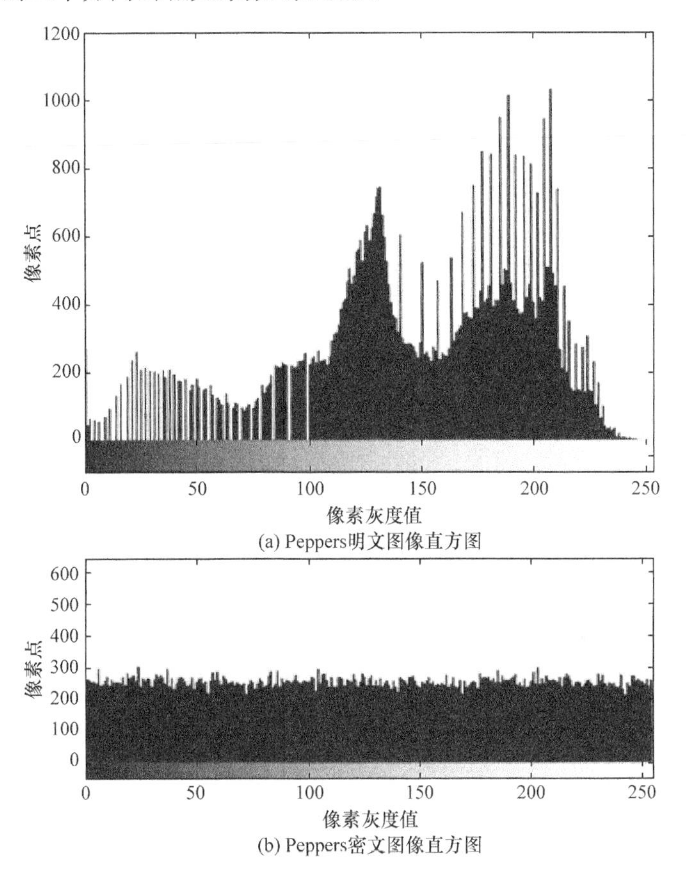

图 8.19　Peppers 图像直方图分析

$$
\begin{aligned}
r_{xy} &= \frac{\operatorname{cov}(x,y)}{\sqrt{D(x)}\sqrt{D(y)}} \\
E(x) &= \frac{1}{N}\sum_{i=1}^{N} x_i \\
D(x) &= \frac{1}{N}\sum_{i=1}^{N}\left(x_i - E(x)\right)^2 \\
\operatorname{cov}(x,y) &= \frac{1}{N}\sum_{i=1}^{N}\left(x_i - E(x)\right)\left(y_i - E(y)\right)
\end{aligned}
\tag{8.55}
$$

表 8.1　原始图像及加密后图像的相关性系数表

图像	相关性系数		
	水平	垂直	对角
明文 Lena 图像	0.9512	0.9331	0.9614
明文 Peppers 图像	0.9482	0.9414	0.9623
本书加密 Lena 图像	0.0022	0.0020	0.0018
本书加密 Peppers 图像	0.0024	0.0023	0.0021
文献[226]	0.0025	0.0022	0.0019
文献[227]	0.0050	0.0040	0.0020

从表 8.1 中可以看出，明文图像 Lena 和 Peppers 在两个方向上的相关性系数均接近于 1，说明在明文图像中的相邻像素之间是高度相关的。通过对本书算法加密后的图像进行相关性系数计算，其相关性系数均接近于 0，说明密文图像的相邻像素之间是近似不相关的。同时，也列举出了相关算法对同一图像进行加密后的相关性系数，通过比较与分析可以看出用本书算法加密后的密文图像具有更好的随机分布特性，实现了破坏相邻像素相关性的目的。

分别在 Lena 和 Peppers 图像中随机选取 3000 个像素点，并绘制该像素点与三个方向的相邻像素点的相关性散点图，如图 8.20 和图 8.21 所示。

图 8.20 和图 8.21 的(a)、(c)、(e)分别表示的是明文图像在水平方向、垂直方向和对角方向相邻像素点之间的相关性。根据图(a)、(c)、(e)中的采样点灰度值分布情况可以看出，大部分采样点和其相邻像素点的灰度值都十分接近，由此可以看出明文图像相邻像素点之间的相关性很强。图 8.20 和图 8.21 的(b)、(d)、(f)分别表示密文图像在水平方向、垂直方向、对角方向相邻像素点之间的相关性。根据图(b)、(d)、(f)中的采样点灰度值分布情况可以看出，几乎所有采样点和其相邻像素灰度值均是毫无规律的随机分布，它们之间的相关性被破坏，这也就说明了通过本书算法加密后的密文图像像素点之间的相关性被大大降低。

3. 信息熵分析

图像灰度分布的聚集特性可以用图像的信息熵来表示，不确定性越高，对应的信息熵越大。实验中选用的是 256 灰度阶的图像，理论上通过加密后的密文图像的信息熵为 8,实际计算得出的信息熵越靠近 8 则表示图像的随机排列性越强，加密的效果越好。信息熵的计算公式为

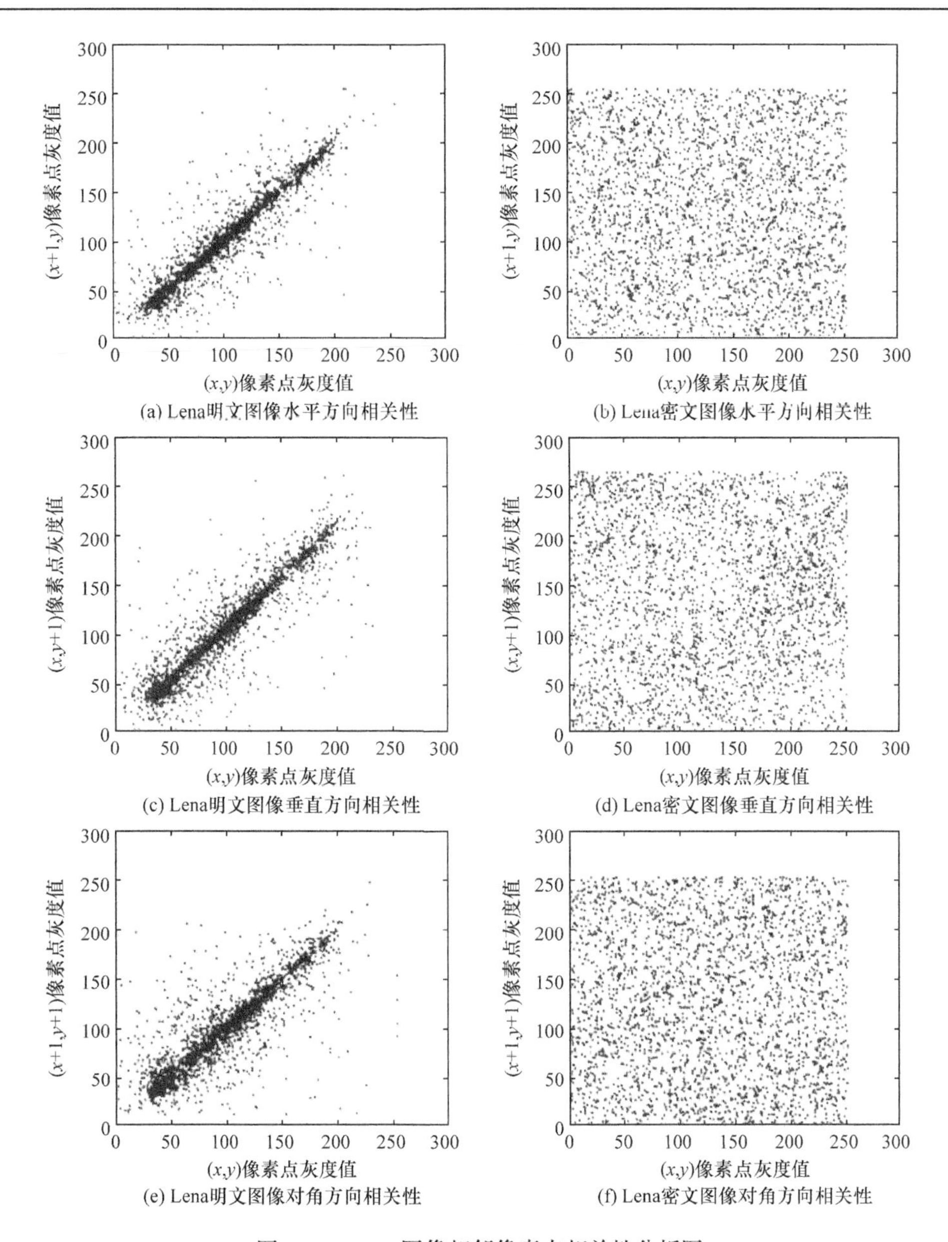

(a) Lena明文图像水平方向相关性　(b) Lena密文图像水平方向相关性

(c) Lena明文图像垂直方向相关性　(d) Lena密文图像垂直方向相关性

(e) Lena明文图像对角方向相关性　(f) Lena密文图像对角方向相关性

图 8.20　Lena 图像相邻像素点相关性分析图

$$H(X) = -\sum_{i=1}^{n} p(X_i)\log_2 p(X_i) \tag{8.56}$$

由式(8.56)计算出的信息熵对比如表 8.2 所示。

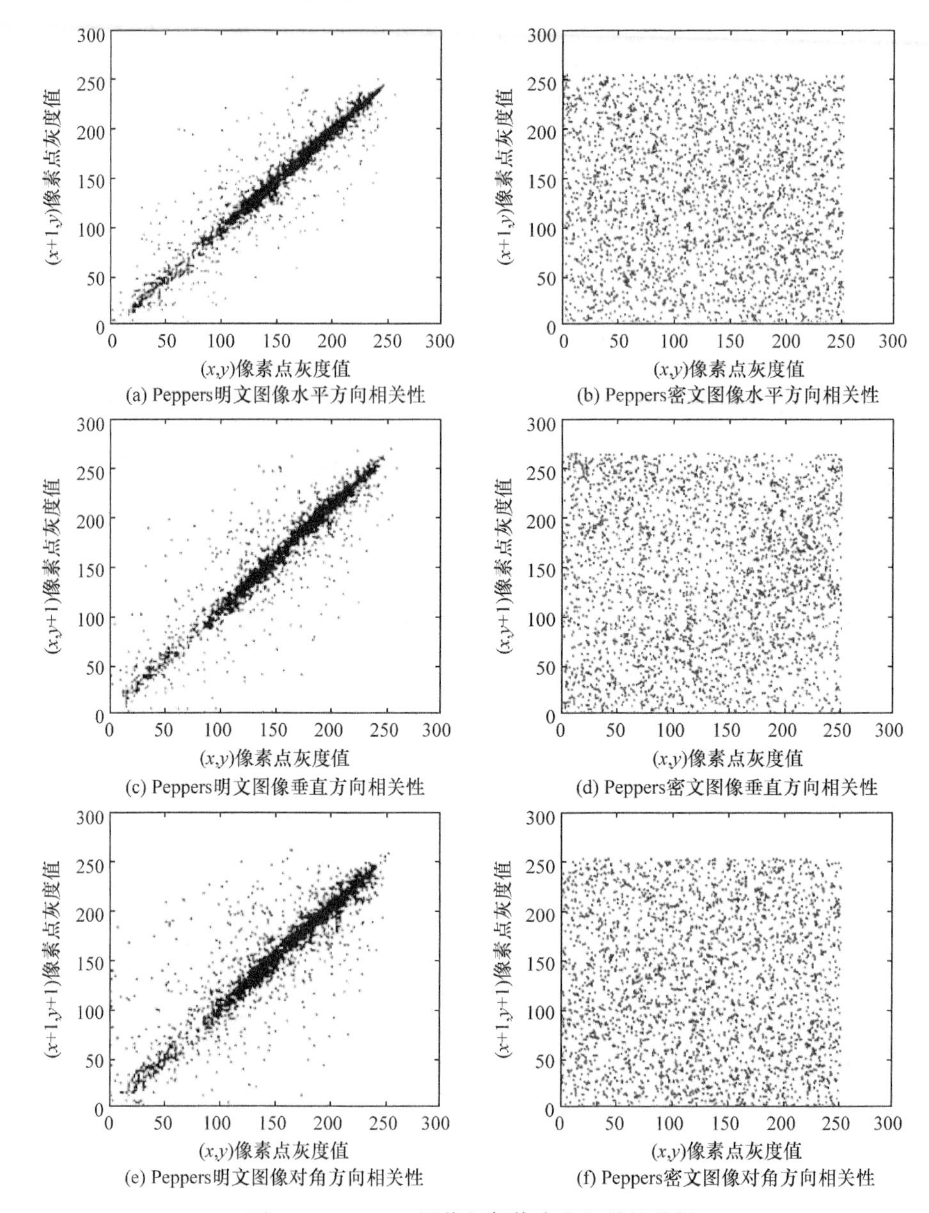

图 8.21　Peppers 图像相邻像素点相关性分析

表 8.2　图像信息熵对比

图像	信息熵
明文 Lena 图像	7.5254
明文 Peppers 图像	7.3945
本书加密算法加密 Lena 图像	7.9996

续表

图像	信息熵
本书加密算法加密 Peppers 图像	7.9994
文献[226]图像加密算法	7.9992
文献[227]图像加密算法	7.9990

从表 8.2 可以看出，相比之下本书算法加密后的密文图像信息熵与 8 更接近，说明密文图像随机排列性较强，有效地隐藏了明文信息。该算法提升了加密系统的抗攻击能力，恶意攻击者对本书加密算法进行攻击是十分困难的。

8.12.3　密钥空间分析

由上面介绍的加密过程可知本书加密算法的密钥由四部分组成：

$$\text{key}=\{\text{key}_{l,\varepsilon},\text{key}_{\text{sha-1}},\text{key}_{\text{logistic}},\text{key}_{\text{add}}\}$$

式中，密钥 $\text{key}_{l,\varepsilon}$ 由小波分解时的级数 l 与 SHA-1 序列相关的阈值 ε 组成；密钥 $\text{key}_{\text{logistic}}$ 由混沌系统的参数 r 、μ ，初始值 x_0 、y_0 组成；160 位的密钥序列 $\text{key}_{\text{sha-1}}$ 根据明文图像生成；矩阵 key_{add} 由循环加密之前对图像矩阵进行填充生成。对于整数密钥而言，长度为 n 的密钥对应的密钥空间为 2^n ；每位小数密钥的密钥空间为 10^{15} ；因此本书算法的密钥空间约为 2^{200} ，远远大于密钥空间要求 2^{100} 的密钥空间[77]，所以本书算法的密钥空间可以抵御穷举攻击。

8.12.4　密钥敏感性分析

图 8.22 给出了仅仅对密钥中的两个密钥参数 r 进行微小改变(仅差 10^{-15})时，对 Lena 进行加密和解密的实验结果。在图中可以看出，当使用错误密钥进行解密后，得到的图像(b)是一幅无法获得任何信息的混乱图像，可以证明本书加密算法对密钥参数 r 的敏感精度可以达到 10^{-15} 。结合 8.12.3 节对密钥空间分析的结果可以充分说明了本书加密算法具有较强的密钥敏感性，可以有效地抵御统计分析攻击。

(a) 加密后Lena图像

(b) 错误密钥解密图像

(c) 正确密钥解密图像

图 8.22　敏感性分析

参 考 文 献

[1] González R C, Woods R E, Eddins S L. Digital Image Processing Using MARLAB [M]. Upper Saddle River: Prentice Hall, 2004: 108-121.

[2] Schalkoff R J. Digital Image Processing and Computer Vision [M]. New York: Wiley, 1989: 197-209.

[3] Scarano F, Riethmuller M L. Advanccs in iterative multigrid PIV image processing [J]. Experiments in Fluids, 2000, 29(1): 51-60.

[4] Carnie R, Walker R, Corke P. Image processing algorithms for UAV "sense and avoid" [C]// Proceedings IEEE International Conference on Robotics and Automation, Stockholm, 2006: 2848-2853.

[5] Semmlow J L, Griffel B. Biosignal and Medical Image Processing [M]. Florida: CRC Press, 2008: 39-51.

[6] Schindelin J, Arganda-Carreras I, Frise E, et al. Fiji: An open-source platform for biological-image analysis [J]. Nature Methods, 2012, 9(7): 676-682.

[7] Moghadam O A, Divincenzo J, Mcintyre D F, et al. System and method for remote image communication and processing using data recorded on photographic film: 5799219[P]. 1998-08-25.

[8] Lohscheller H. A subjectively adapted image communication system [J]. IEEE Transactions on Communications, 1984, 32(12): 1316-1322.

[9] Aiazzi B, Alparone L, Baronti S. A reduced Laplacian pyramid for lossless and progressive image communication [J]. IEEE Transactions on Communications, 1996, 44(1): 18-22.

[10] Yang J, Yu K, Gong Y, et al. Linear spatial pyramid matching using sparse coding for image classification[C]// IEEE Conference on Computer Vision and Pattern Recognition, Miami, 2009: 1794-1801.

[11] Boiman O, Shechtman E, Irani M. In defense of nearest-neighbor based image classification [C]// IEEE Conference on Computer Vision and Pattern Recognition, Anchorage, 2008: 1-8.

[12] Zhao W, Chellappa R, Phillips P J, et al. Face recognition: A literature survey [J]. ACM Computing Surveys, 2003, 35(4): 399-458.

[13] 章毓晋. 图像处理和分析技术[M]. 北京：高等教育出版社, 2008: 10-29.

[14] Tang Y F, Zhang Y Y, Zhang N. Cloud security certification technology based on fingerprint recognition [J]. Telecommunications Science, 2015, 31(8): 158-164.

[15] Sonka M, Hlavac V, Boyle R. Image Processing, Analysis, and Machine Vision [M]. Stamford: Cengage Learning, 2014: 109-138.

[16] Manolakis D G, Ingle V K, Kogon S M. Statistical and Adaptive Signal Processing: Spectral Estimation, Signal Modeling, Adaptive Filtering, and Array Processing [M]. Boston:

McGraw-Hill, 2000: 203-227.

[17] Mitra S K, Kuo Y. Digital Signal Processing: A Computer-based Approach [M]. New York: McGraw-Hill, 2006: 47-55.

[18] Griffin D W, Lim J S. Signal estimation from modified short-time Fourier transform [J]. IEEE Transactions on Acoustics, Speech and Signal Processing, 1984, 32(2): 236-243.

[19] Baydar N, Ball A. A comparative study of acoustic and vibration signals in detection of gear failures using Wigner-Ville distribution [J]. Mechanical Systems and Signal Processing, 2001, 15(6): 1091-1107.

[20] Gröchenig K, Zimmermann G. Hardy's theorem and the short-time Fourier transform of Schwartz functions [J]. Journal of the London Mathematical Society, 2001, 63(1): 205-214.

[21] Staszewski W J, Worden K, Tomlinson G R. Time-frequency analysis in gearbox fault detection using the Wigner-Ville distribution and pattern recognition [J]. Mechanical Systems and Signal Processing, 1997, 11(5): 673-692.

[22] Torrence C, Compo G P. A practical guide to wavelet analysis [J]. Bulletin of the American Meteorological Society, 1998, 79(1): 61-78.

[23] Bruce A, Gao H Y. Applied Wavelet Analysis with S-plus [M]. Berlin: Springer-Verlag, 1996: 10-26.

[24] Newland D E. An Introduction to Random Vibrations, Spectral & Wavelet Analysis [M]. New York: Courier Corporation, 2012: 176-198.

[25] Meurant G. Wavelets: A Tutorial in Theory and Applications [M]. Pittsburgh: Academic Press, 2012: 58-73.

[26] Kemao Q. Windowed Fourier transform for fringe pattern analysis [J]. Applied Optics, 2004, 43(13): 2695-2702.

[27] Huang L, Kemao Q, Pan B, et al. Comparison of Fourier transform, windowed Fourier transform, and wavelet transform methods for phase extraction from a single fringe pattern in fringe projection profilometry [J]. Optics and Lasers in Engineering, 2010, 48(2): 141-148.

[28] Fanson P T, Delgass W N, Lauterbach J. Island formation during kinetic rate oscillations in the oxidation of CO over Pt/SiO_2: A transient Fourier transform infrared spectrometry study [J]. Journal of Catalysis, 2001, 204(1): 35-52.

[29] 冉启文. 小波变换与分数傅里叶变换理论及应用[M]. 哈尔滨：哈尔滨工业大学出版社，2001: 108-132.

[30] Mallat S. A Wavelet Tour of Signal Processing [M]. Pittsburgh: Academic Press, 1999: 15-28.

[31] Angel P, Morris C. Analyzing the Mallat wavelet transform to delineate contour and textural features [J]. Computer Vision and Image Understanding, 2000, 80(3): 267-288.

[32] Zhang L, Bao P. Denoising by spatial correlation thresholding [J]. IEEE Transactions on Circuits and Systems for Video Technology, 2003, 13(6): 535-538.

[33] Chang E C, Mallat S, Yap C. Wavelet foveation [J]. Applied and Computational Harmonic Analysis, 2000, 9(3): 312-335.

[34] González-Audícana M, Otazu X, Fors O, et al. Comparison between Mallat's and the 'à trous' discrete wavelet transform based algorithms for the fusion of multispectral and panchromatic

images [J]. International Journal of Remote Sensing, 2005, 26(3): 595-614.

[35] Walnut D F. An Introduction to Wavelet Analysis [M]. Berlin: Springer Science & Business Media, 2013: 101-127.

[36] Resnikoff H L, Raymond Jr O. Wavelet Analysis: The Scalable Structure of Information [M]. Berlin: Springer Science & Business Media, 2012: 208-229.

[37] Brémaud P. Mathematical Principles of Signal Processing: Fourier and Wavelet Analysis [M]. Berlin: Springer Science & Business Media, 2013: 117-141.

[38] Vacha L, Barunik J. Co-movement of energy commodities revisited: Evidence from wavelet coherence analysis [J]. Energy Economics, 2012, 34(1): 241-247.

[39] Huang N E, Shen Z, Long S R, et al. The empirical mode decomposition and the Hilbert spectrum for non-linear and non-stationary time series analysis [J]. Proceeding of Royal Society London: A, 1998, 454(1971): 903-995.

[40] Pavlidis T. Algorithms for Graphics and Image Processing [M]. Berlin: Springer Science & Business Media, 2012: 133-154.

[41] Nunes J C, Bouaouue Y, Delechelle E, et al. Image analysis by bidimensional empirical mode decomposition [J]. Image Vision Computing, 2003, 21:1019-1026.

[42] Nunes J C, Guyot S, Delechelle E. Texture analysis based on local analysis of the bidimensional empirical mode decomposition [J]. Machine Vision and Applications, 2005, (16): 177-188.

[43] He Z, Wang Q, Shen Y, et al. Multivariate gray model-based BEMD for hyperspectral image classification [J]. IEEE Transactions on Instrumentation and Measurement, 2013, 62(5): 889-904.

[44] Zhao J, Zhao P, Chen Y. Using an improved BEMD method to analyse the characteristic scale of aeromagnetic data in the Gejiu region of Yunnan, China[J]. Computers & Geosciences, 2016, 88: 132-141.

[45] Wang A, Sun H, Guan Y. The application of wavelet transform to multi-modality medical image fusion [C]// IEEE International Conference on Networking Sensing and Control, Florida, 2006: 270-274.

[46] Li T, Wang Y. Biological image fusion using a NSCT based variable-weight method [J].Information Fusion, 2011, 12(2): 85-92.

[47] Yin S, Cao L, Ling Y, et al. One color contrast enhanced infrared and visible image fusion method [J]. Infrared Physics & Technology, 2011, 53(2):146-150.

[48] Liu Z, Liu C. Fusion of color local spatial and global frequency information for face recognition [J]. Pattern Recognition, 2010, 43(8):2882-2890.

[49] Wang Z, Ma Y, Gu J. Multi-focus image fusion using PCNN [J]. Pattern Recognition, 2010, 43(6): 2003-2016.

[50] Lin D C , Guo Z L , An F P , et al. Elimination of end effects in empirical mode decomposition by mirror image coupled with support vector regression [J]. Mechanical Systems and Signal Processing, 2012, 31(1): 13-28.

[51] Bhuiyan S, Adhami R R, Khan J F. Fast and adaptive bidimensional empirical mode decomposition using order-statistics filter based envelope estimation [J]. EURASIP Journal on

Advances in Signal Processing, 2008, 1: 1-18.

[52] Linderhed A. Variable sampling of the empirical mode decomposition of two-dimensional signals [J]. International Journal of Wavelets, Multiresolution and Information Processing, 2005, 3(3): 435-452.

[53] Jian Z, Yan R, Gao R X, et al. Performance enhancement of ensemble empirical mode decomposition [J]. Mechanical Systems & Signal Processing, 2010, 24(7): 2104-2123.

[54] Bernini M B, Federico A, Kaufmann G H. Noise reduction in digital speckle pattern interferometry using bidimensional empirical mode decomposition [J]. Applied Optics, 2008, 47(14): 2592-2598.

[55] Wielgus M, Patorski K. Evaluation of amplitude encoded fringe patterns using the bidimensional empirical mode decomposition and the 2D Hilbert transform generalizations [J]. Applied Optics, 2011, 50(28): 5513-5523.

[56] Bhuiyan S M A, Attoh-Okine N O, Barner K E, et al. Bidimensional empirical mode decomposition using various interpolation techniques [J]. Advances in Adaptive Data Analysis, 2009, 1(2): 309-338.

[57] Bernini M B, Federico A, Kaufmann G H. Normalization of fringe patterns using the bidimensional empirical mode decomposition and the Hilbert transform [J]. Applied optics, 2009, 48(36): 6862-6869.

[58] Chen W K, Lee J C, Han W Y, et al. Iris recognition based on bidimensional empirical mode decomposition and fractal dimension [J]. Information Sciences, 2013, 221: 439-451.

[59] Chen Y, Wang L, Sun Z, et al. Fusion of color microscopic images based on bidimensional empirical mode decomposition [J]. Optics Express, 2010, 18(21): 21757-21769.

[60] Zhou Y, Li H. Adaptive noise reduction method for DSPI fringes based on bi-dimensional ensemble empirical mode decomposition [J]. Optics Express, 2011, 19(19): 18207-18215.

[61] Rubin S G, Khosla P K. Polynomial interpolation methods for viscous flow calculations [J]. Journal of Computational Physics, 1977, 24(3): 217-244.

[62] Swain C J. A FORTRAN IV program for interpolating irregularly spaced data using the difference equations for minimum curvature [J]. Computers & Geosciences, 1976, 1(4): 231-240.

[63] Boor C D, Höllig K, Sabin M. High accuracy geometric Hermite interpolation [J]. Computer Aided Geometric Design, 1987, 4(4): 269-278.

[64] Perrin F, Pernier J, Bertnard O, et al. Mapping of scalp potentials by surface spline interpolation [J]. Electroencephalography and Clinical Neurophysiology, 1987, 66(1): 75-81.

[65] Deng L, Hu X, Li F, et al. Support vector machines-based method for restraining end effects of B-spline empirical mode decomposition [J]. Journal of Vibration, Measurement & Diagnosis, 2011, 3: 19.

[66] Liu Z, Wang H, Peng S. Texture segmentation using directional empirical mode decomposition [C]// IEEE International Conference on Image Processing, Singapore, 2004, 1: 279-282.

[67] Damerval C, Meignen S, Perrier V. A fast algorithm for bidimensional EMD [J]. IEEE Signal Processing Letters, 2005, 12(10): 701-704.

[68] Rilling G, Flandrin P, Goncalves P. On empirical mode decomposition and its algorithms [C]//IEEE-EURASIP Workshop on Nonlinear Signal and Image Processing, NSIP-03, Grado, 2003, 3(3): 8-11.

[69] Rato R T, Ortigueira M D, Batista A G. On the HHT, its problems, and some solutions [J]. Mechanical Systems and Signal Processing, 2008, 22(6): 1374-1394.

[70] Wu F, Qu L. An improved method for restraining the end effect in empirical mode decomposition and its applications to the fault diagnosis of large rotating machinery [J]. Journal of Sound and Vibration, 2008, 314(3/4/5): 586-602.

[71] Deng Y, Wang W, Qian C, et al. Boundary-processing-technique in EMD method and Hilbert transform [J]. Chinese Science Bulletin, 2001, 46(11): 954.

[72] Cheng J, Yu D, Yang Y. Application of support vector regression machines to the processing of end effects of Hilbert-Huang transform [J]. Mechanical Systems and Signal Processing, 2007, 21(3): 1197-1211.

[73] Coughlin K T, Tung K K. 11-year solar cycle in the stratosphere extracted by the empirical mode decomposition method [J]. Advances in Space Research, 2004, 34(2): 323-329.

[74] Cotogno M, Cocconcelli M, Rubini R. A window based method to reduce the end-effect in empirical mode decomposition [J]. Diagnostyka, 2013, 14: 3-10.

[75] Hu W P, Mo J L, Gong Y J, et al. Methods for mitigation of end effect in empirical mode decomposition: A quantitative comparison [J]. Journal of Electronics and Information Technology, 2007, 29: 1394-1398.

[76] Linderhed A. Image empirical mode decomposition: A new tool for image processing [J]. Advances in Adaptive Data Analysis, 2009, 1(2): 265-294.

[77] Liu Z, Peng S. Boundary processing of bidimensional EMD using texture synthesis [J]. IEEE Signal Processing Letters, 2004, 12(1): 33-36.

[78] Rilling G, Flandrin P. One or two frequencies? The empirical mode decomposition answers [J]. IEEE Transactions on Signal Processing, 2007, 56(1): 85-95.

[79] Rehman N U, Mandic D P. Empirical mode decomposition for trivariate signals [J]. IEEE Transactions on Signal Processing, 2010, 58(3): 1059-1068.

[80] 陈天华. 数字图像处理 [M]. 2 版. 北京: 清华大学出版社, 2007: 19-37.

[81] Xie Q, Xuan B, Peng S, et al. Bandwidth empirical mode decomposition and its application [J]. International Journal of Wavelets, Multiresolution and Information Processing, 2008, 6(6): 777-798.

[82] Wu Z, Huang N E, Chen X. The multi-dimensional ensemble empirical mode decomposition method [J]. Advances in Adaptive Data Analysis, 2009, 1(3): 339-372.

[83] Wu Z, Huang N E. On the filtering properties of the empirical mode decomposition [J]. Advances in Adaptive Data Analysis, 2010, 2(4): 397-414.

[84] Jiang H B, Cai J Z. Performance analysis of several common filter [J]. Applied Mechanics and Materials, 2012, 220:1446-1449.

[85] Starck J L, Candès E J, Donoho D L. The Curvelet transform for image denoising [J]. IEEE Transactions on Image Processing, 2002, 11(6): 670-684.

[86] 陈书海, 傅录祥. 实用数字图像处理 [M]. 北京: 科学出版社, 2005: 98-117.

[87] Buades A, Coll B, Morel J M. A review of image denoising algorithms, with a new one [J]. Multiscale Modeling & Simulation, 2005, 4(2): 490-530.

[88] Catté F, Lions P L, Morel J M, et al. Image selective smoothing and edge detection by nonlinear diffusion [J]. SIAM Journal on Numerical analysis, 1992, 29(1): 182-193.

[89] Rajashekar U, Simoncelli E P. Multiscale Denoising of Photographic Images [M]. Pittsburgh: Academic Press, 2009: 241-261.

[90] 阮秋琦. 数字图像处理学 [M]. 北京: 电子工业出版社, 2013:198-225.

[91] Donoho D L, Johnstone J M. Ideal spatial adaptation by wavelet shrinkage[J]. Biometrika, 1994, 81(3): 425-455.

[92] Donoho D L. De-noising by soft-thresholding [J]. IEEE Transactions on Information Theory, 1995, 41(3): 613-627.

[93] Chipman H A, Kolaczyk E D, McCulloch R E. Adaptive Bayesian wavelet shrinkage [J]. Journal of the American Statistical Association, 1997, 92(440): 1413-1421.

[94] Zhang X P, Desai M D. Adaptive denoising based on SURE risk [J]. IEEE Signal Processing Letters, 1998, 5(10): 265-267.

[95] Abramovich F, Sapatinas T, Silverman B W. Wavelet thresholding via a Bayesian approach [J]. Journal of the Royal Statistical Society: Series B (Statistical Methodology), 1998, 60(4): 725-749.

[96] Sendur L, Selesnick I W. Bivariate shrinkage with local variance estimation [J]. IEEE Signal Processing Letters, 2002, 9(12): 438-441.

[97] Simoncelli E P. Statistical models for images: Compression, restoration and synthesis [C]//Proceedings of the 31st Asilomar Conference on Signals, Systems and Computers, Pacific Grove, 1997, 1: 673-678.

[98] Simoncelli E P. Modeling the joint statistics of images in the wavelet domain [J]. Proceedings of SPIE, 1999, 3813:188-195.

[99] Huang J, Mumford D. Statistics of natural images and models [C]//Proceedings of the IEEE Computer Society Conference on Computer Vision and Pattern Recognition, Colorado, 1999, 1: 541-547.

[100] Huang J, Lee A B, Mumford D. Statistics of range images [C]//Proceedings of the IEEE Conference on Computer Vision and Pattern Recognition, Kauai, 2000, 1: 324-331.

[101] Mihcak M K, Kozintsev I, Ramchandran K. Spatially adaptive statistical modeling of wavelet image coefficients and its application to denoising [C]// Proceedings of the IEEE International Conference on Acoustics, Speech, and Signal Processing, Phoenix, 1999, 6: 3253-3256.

[102] Mihcak M K, Kozintsev I, Ramchandran K, et al. Low-complexity image denoising based on statistical modeling of wavelet coefficients [J]. IEEE Signal Processing Letters, 1999, 6(12): 300-303.

[103] Moulin P, Liu J. Analysis of multiresolution image denoising schemes using generalized Gaussian and complexity priors [J]. IEEE Transactions on Information Theory, 1999, 45(3): 909-919.

[104] Romberg J K, Choi H, Baraniuk R G. Bayesian tree-structured image modeling using wavelet-domain hidden Markov models [J]. IEEE Transactions on Image Processing, 2001, 10(7): 1056-1068.

[105] Portilla J, Strela V, Wainwright M J, et al. Image denoising using scale mixtures of Gaussians in the wavelet domain [J]. IEEE Transactions on Image Processing, 2003, 12(11): 1338-1351.

[106] Selesnick I W, Baraniuk R G, Kingsbury N G. The dual-tree complex wavelet transform [J]. IEEE Signal Processing Magazine, 2005, 22(6): 123-151.

[107] Baradarani A, Yu R. A dual-tree complex wavelet with application in image denoising [C]// Proceedings of the IEEE International Conference on Signal Processing and Communications, Dubai, 2007: 1203-1206.

[108] Zhang D, Mabu S, Hirasawa K. Image denoising using pulse coupled neural network with an adaptive Pareto genetic algorithm [J]. IEEJ Transactions on Electrical and Electronic Engineering, 2011, 6(5): 474-482.

[109] Gu X D, Cheng C Q, Yu D H. Noise-reducing of four-level image using PCNN and fuzzy algorithm [J]. Journal of Electronics and Information Technology, 2003, 25(12): 1585-1598.

[110] Yan Y, Guo B. Two image denoising approaches based on wavelet neural network and particle swarm optimization [J]. Chinese Optics Letters, 2007, 5(2): 82-85.

[111] Zhang J Y, Lu Z J, Shi L, et al. Filtering images contaminated with pep and salt type noise with pulse-coupled neural networks [J]. Science in China, Series F: Information Sciences, 2005, 48(3): 322-334.

[112] Dehyadegary L, Seyyedsalehi S A, Nejadgholi I. Nonlinear enhancement of noisy speech, using continuous attractor dynamics formed in recurrent neural networks [J]. Neurocomputing, 2011, 74(17): 2716-2724.

[113] Wang X Y, Yang H Y, Zhang Y, et al. Image denoising using SVM classification in nonsubsampled Contourlet transform domain [J]. Information Sciences, 2013, 246: 155-176.

[114] Huang J Y, Wen K L, Li X J, et al. Coseismic deformation time history calculated from acceleration records using an EMD - derived baseline correction scheme: A new approach validated for the 2011 Tohoku earthquake [J]. Bulletin of the Seismological Society of America, 2013, 103(2B): 1321-1335.

[115] Garcia-Perez A, Amezquita-Sanchez J P, Dominguez-González A, et al. Fused empirical mode decomposition and wavelets for locating combined damage in a truss-type structure through vibration analysis [J]. Journal of Zhejiang University: Science A, 2013, 14(9): 615-630.

[116] Huang W, Shen Z, Huang N E, et al. Use of intrinsic modes in biology: Examples of indicial response of pulmonary blood pressure to ± step hypoxia [J]. Proceedings of the National Academy of Sciences, 1998, 95(22): 12766-12771.

[117] Zheng J, Cheng J, Yang Y. Generalized empirical mode decomposition and its applications to rolling element bearing fault diagnosis [J]. Mechanical Systems and Signal Processing, 2013, 40(1): 136-153.

[118] Zhu K, Song X, Xue D. Incipient fault diagnosis of roller bearings using empirical mode decomposition and correlation coefficient [J]. Journal of Vibroengineering, 2013, 15(2):

597-603.

[119] Song H, Bai Y, Pinheiro L, et al. Analysis of ocean internal waves imaged by multichannel reflection seismics, using ensemble empirical mode decomposition [J]. Journal of Geophysics and Engineering, 2012, 9 (3) : 302-311.

[120] Kumar P, Henikoff S, Ng P C. Predicting the effects of coding non-synonymous variants on protein function using the SIFT algorithm [J]. Nature Protocols, 2009, 4 (7) : 1073-1081.

[121] Bharathi S, Shenoy D, Venugopal R, et al. Ensemble PHOG and SIFT features extraction techniques to classify high resolution satellite images [J]. Data Mining and Knowledge Engineering, 2014, 6 (5) : 199-206.

[122] Rehman A, Saba T. Features extraction for soccer video semantic analysis: Current achievements and remaining issues [J]. Artificial Intelligence Review, 2014, 41 (3) : 451-461.

[123] Reddy B S, Chatterji B N. An FFT-based technique for translation, rotation, and scale-invariant image registration [J]. IEEE Transactions on Image Processing, 1996, 5 (8) : 1266-1271.

[124] Le Moigne J, Campbell W J, Cromp R F. An automated parallel image registration technique based on the correlation of wavelet features [J]. IEEE Transactions on Geoscience and Remote Sensing, 2002, 40 (8) : 1849-1864.

[125] Lazaridis G, Petrou M. Image registration using the Walsh transform [J]. IEEE Transactions on Image Processing, 2006, 15 (8) : 2343-2357.

[126] Brown L G. A survey of image registration techniques [J]. ACM Computing Surveys, 1992, 24 (4) : 325-376.

[127] Barnea D I, Silverman H F. A class of algorithm for fast digital registration [J]. IEEE Transactions on Computers, 1972, 21 (2) : 179-186.

[128] Anthony A, Lofffeld O. Image registration using a combination of mutual information and spatial information [C]// Proceedings of the IEEE International Symposium on Geoscience and Remote Sensing, Denver, 2006: 4012-4016.

[129] Lowe D G. Object recognition from local scale-invariant features [C]// Proceedings of the International Conference on Computer Vision, 1999: 1150-1157.

[130] Lowe D G. Distinctive image features from scale-invariant keypoints [J]. International Journal of Computer Vision, 2004, 60 (2) : 91-110.

[131] Mehrotra H, Majhi B, Gupta P. Robust iris indexing scheme using geometric Hashing of SIFT keypoints [J]. Journal of Network and Computer Applications, 2010, 33 (3) : 300-313.

[132] Jiang R M, Crookes D, Luo N, et al. Live-cell tracking using SIFT features in DIC microscopic videos[J]. IEEE Transactions on Biomedical Engineering, 2010, 57 (9) : 2219-2228.

[133] Zitova B, Flusser J. Image registration methods: A survey [J]. Image and Vision Computing, 2003, 21 (11) : 977-1000.

[134] Hall D L, Jordan J M. Human-centered Information Fusion [M]. Fitchburg: Artech House, 2010: 139-165.

[135] Canty M J. Image Analysis, Classification and Change Detection in Remote Sensing: With Algorithms for ENVI/IDL and Python [M]. Florida: CRC Press, 2014: 18-39.

[136] Zhang Y, Ge L. Efficient fusion scheme for multi-focus images by using blurring measure [J].

Digital Signal Processing, 2009, 19(2): 186-193.

[137] Mahler R P S. Statistical Multisource-Multitarget Information Fusion [M]. Fitchburg: Artech House, 2007: 21-57.

[138] Stathaki T. Image Fusion: Algorithms and Applications [M]. Amsterdam: Elsevier Academic Press, 2011:95-116.

[139] Eltoukhy H A, Kavusi S. Computationally efficient algorithm for multifocus image reconstruction [C]// Proceedings of the SPIE, Bellingham, 2003, 5017: 332-341.

[140] Tu T M, Huang P S, Hung C L, et al. A fast intensity-hue-saturation fusion technique with spectral adjustment for IKONOS imagery [J]. IEEE Geoscience and Remote Sensing Letters, 2004, 1(4): 309-312.

[141] Sharma R K, Leen T K, Pavel M. Bayesian sensor image fusion using local linear generative models[J]. Optical Engineering, 2001, 40(7): 1364-1376.

[142] Qu X, Zhang W, Guo D, et al. Iterative thresholding compressed sensing MRI based on Contourlet transform [J]. Inverse Problems in Science & Engineering, 2010, 18(6):737-758.

[143] Petrovic V S, Xydeas C S. Optimizing multiresolution pixel-level image fusion [C]// Proceedings of the SPIE, Bellingham, 2001, 4385: 96-107.

[144] Zhang Y. Understanding image fusion [J]. Photogrammetric Engineering and Remote Sensing , 2004, 70(6): 657-661.

[145] Tu T M, Su S C, Shyu H C, et al. A new look at IHS-like image fusion methods [J]. Information Fusion, 2001, 2(3): 177-186.

[146] Tu Z, Zhu S C. Image segmentation by data-driven Markov chain Monte Carlo [J]. IEEE Transactions on Pattern Analysis and Machine Intelligence, 2002, 24(5): 657-673.

[147] Sharma R, Pavel M. Adaptive and statistical image fusion [J]. Society for Information Display, 1996, 27: 969-972.

[148] Laferte J M, Heitz F, Perez P, et al. Hierarchical statistical models for the fusion of multiresolution image data [C]//Proceedings of IEEE International Conference on Computer Vision, Cambridge, 1995: 908-913.

[149] Liu G J, Jing Z, Sun S. Image fusion based on an expectation maximization algorithm [J]. Optical Engineering, 2005, 44(7): 77001-77011.

[150] Chan K L A, Kazarian S G. Attenuated total reflection Fourier-transform infrared (ATR-FTIR) imaging of tissues and live cells [J]. Chemical Society Reviews, 2016, 45(7): 1850-1864.

[151] Zhang Z, Blum R S. A categorization of multiscale-decomposition-based image fusion schemes with a performance study for a digital camera application [J]. Proceedings of the IEEE, 1999, 87(8): 1315-1326.

[152] Piella G. A general framework for multiresolution image fusion: From pixels to regions [J]. Information Fusion, 2003, 4(4): 259-280.

[153] Burt P, Adelson E. The Laplacian pyramid as a compact image code [J]. IEEE Transactions on Communications, 1983, 31(4): 532-540.

[154] Toet A. Image fusion by a ratio of low-pass pyramid [J]. Pattern Recognition Letters, 1989, 9(4): 245-253.

[155] Burt P J. A gradient pyramid basis for pattern-selective image fusion [C]// Society for Information Display Conference, Osaka, 1992: 467-470.

[156] Chibani Y, Houacine A. The joint use of IHS transform and redundant wavelet decomposition for fusing multispectral and panchromatic images [J]. International Journal of Remote Sensing, 2002, 23 (18) : 3821-3833.

[157] Nunez J, Otazu X, Fors O, et al. Multiresolution-based image fusion with additive wavelet decomposition [J]. IEEE Transactions on Geoscience and Remote sensing, 1999, 37 (3) : 1204-1211.

[158] Ranchin T, Wald L. The wavelet transform for the analysis of remotely sensed images [J]. International Journal of Remote Sensing, 1993, 14 (3) : 615-619.

[159] Sun Z, Chang C C. Structural damage assessment based on wavelet packet transform [J]. Journal of Structural Engineering, 2002, 128 (10) : 1354-1361.

[160] Ghosh-Dastidar S, Adeli H, Dadmehr N. Mixed-band wavelet-chaos-neural network methodology for epilepsy and epileptic seizure detection [J]. IEEE Transactions on Biomedical Engineering, 2007, 54 (9) : 1545-1551.

[161] Hill P R, Canagarajah C N, Bull D R. Image fusion using complex wavelets [C]// Proceedings of the 13th British Machine Vision Conference, New York, 2002:487-496.

[162] Rockinger O. Image sequence fusion using a shift-invariant wavelet transform [C]// Proceedings of the International Conference on Image Processing, Santa Barbara, 1997, 3: 288-291.

[163] Candès E J, Donoho D L. New tight frames of Curvelets and optimal representations of objects with piecewise C2 singularities [J]. Communications on Pure and Applied Mathematics: A Journal Issued by the Courant Institute of Mathematical Sciences, 2004, 57 (2) : 219-266.

[164] Do M N, Vetterli M. Contourlets: A directional multiresolution image representation [C]// Proceedings of the International Conference on Image Processing, San Diego, 2002, 1: 1-4.

[165] Nencini F, Garzelli A, Baronti S, et al. Remote sensing image fusion using the Curvelet transform [J]. Information Fusion, 2007, 8 (2) : 143-156.

[166] Da Cunha A L, Zhou J, Do M N. The nonsubsampled Contourlet transform: Theory, design, and applications [J]. IEEE Transactions on Image Processing, 2006, 15 (10) : 3089-3101.

[167] Zhang Q, Guo B L. Research on image fusion based on the nonsubsampled Contourlet transform[C]// Proceedings of the International Conference on Control and Automation, Guangzhou, 2007: 3239-3243.

[168] An F P, Lin D C, Zhou X W, et al. Enhancing image denoising performance of bidimensional empirical mode decomposition by improving the edge effect [J]. International Journal of Antennas and Propagation, 2015, 2015 (12) : 1-12.

[169] Hariharan H, Gribok A, Abidi M A, et al. Image fusion and enhancement via empirical mode decomposition[J]. Journal of Pattern Recognition Research, 2006, 1 (1) : 16-32.

[170] Vapnik V. The Nature of Statistical Learning Theory [M]. Berlin: Springer Science & Business Media, 2013: 49-97.

[171] Clerc M. Particle Swarm Optimization [M]. Hoboken: John Wiley & Sons, 2010: 67-103.

[172] Falconer K. Fractal Geometry: Mathematical Foundations and Applications [M]. Hoboken:

John Wiley & Sons, 2004: 106-189.

[173] Dekking M, Lévy-Véhel J, Lutton E, et al. Fractals: Theory and Applications in Engineering [M]. Berlin: Springer Science & Business Media, 2012: 238-297.

[174] Torres I C, Rubio J M A, Ipsen R. Using fractal image analysis to characterize microstructure of low-fat stirred yoghurt manufactured with microparticulated whey protein [J]. Journal of Food Engineering, 2012, 109(4): 721-729.

[175] Strogatz S H. Nonlinear Dynamics and Chaos: With Applications to Physics, Biology, Chemistry, and Engineering [M]. Florida: CRC Press, 2018: 239-273.

[176] Gutzwiller M C. Chaos in Classical and Quantum Mechanics [M]. Berlin: Springer Science & Business Media, 2013: 301-352.

[177] Yao L, Feng H, Zhu Y, et al. An architecture of optimised SIFT feature detection for an FPGA implementation of an image matcher [C]// Proceedings of the International Conference on Field-Programmable Technology, Sydney, 2009: 30-37.

[178] Linderhed A. 2D empirical mode decompositions in the spirit of image compression [C]// Proceedings of SPIE Wavelet Independent Component Analysis Applications, Bellingham, 2002, 4738: 1-8.

[179] He Z, Wang Q, Shen Y, et al. Discrete multivariate gray model based boundary extension for bi-dimensional empirical mode decomposition [J]. Signal Processing, 2013, 93(1): 124-138.

[180] Ke Y, Sukthankar R. PCA-SIFT: A more distinctive representation for local image descriptors[C]// Proceedings of IEEE Computer Society Conference on Computer Vision and Pattern Recognition, Washington, 2004, 2: 506-513.

[181] Grefenstette J J. Genetic Algorithms and Their Applications: Proceedings of the Second International Conference on Genetic Algorithms [M]. Oxford: Psychology Press, 2013: 120-193.

[182] Harandi M T, Sanderson C, Shirazi S, et al. Kernel analysis on Grassmann manifolds for action recognition [J]. Pattern Recognition Letters, 2013, 34(15):1906-1915.

[183] Nasri S, Behrad A, Razzazi F. Spatio-temporal 3D surface matching for hand gesture recognition using ICP algorithm [J]. Signal, Image and Video Processing, 2015, 9(5): 1205-1220.

[184] Zhang S, Yao H, Sun X, et al. Action recognition based on overcomplete independent components analysis [J]. Information Sciences, 2014, 281: 635-647.

[185] Wang B, Ye M, Li X, et al. Abnormal crowd behavior detection using high-frequency and spatio-temporal features[J]. Machine Vision and Applications, 2012, 23(3): 501-511.

[186] Niebles J C, Wang H, Li F F. Unsupervised learning of human action categories using spatial-temporal words [J]. International Journal of Computer Vision, 2008, 79(3): 299-318.

[187] Arbib M A. From monkey-like action recognition to human language: An evolutionary framework for neurolinguistics [J]. Behavioral & Brain Sciences, 2005, 28(2):105-124.

[188] Taylor G W, Fergus R, LeCun Y, et al. Convolutional learning of spatio-temporal features [C]// European Conference on Computer Vision. Berlin:Springer, 2010: 140-153.

[189] Ji S, Xu W, Yang M, et al. 3D convolutional neural networks for human Action recognition[J].

IEEE Transactions on Pattern Analysis and Machine Intelligence, 2012, 35(1): 221-231.
[190] Robbins H, Monro S. A stochastic approximation method [J]. The Annals of Mathematical Statistics, 1951: 400-407.
[191] Bottou L, Bousquet O. The tradeoffs of large scale learning [C]//Advances in Neural Information Processing Systems, Vancouver, 2008: 161-168.
[192] Jia Y, Shelhamer E, Donahue J, et al. Caffe: Convolutional architecture for fast feature embedding [C]//Proceedings of the 22nd ACM International Conference on Multimedia, Orlando, 2014: 675-678.
[193] He K, Zhang X, Ren S, et al. Delving deep into rectifiers: Surpassing human-level performance on imagenet classification [C]//Proceedings of the IEEE International Conference on Computer Vision, Washington, 2015: 1026-1034.
[194] Goodfellow I J, Warde-Farley D, Mirza M, et al. Maxout networks [J]. arXiv preprint arXiv: 1302.4389, 2013: 1-9.
[195] Jiang Z, Lin Z, Davis L. Recognizing human actions by learning and matching shape-motion prototype trees [J]. IEEE Transactions on Pattern Analysis and Machine Intelligence, 2012, 34(3): 533-547.
[196] Zhang S, Yao H, Sun X, et al. Sparse coding based visual tracking: Review and experimental comparison [J]. Pattern Recognition, 2013, 46(7): 1772-1788.
[197] Zhang S, Yao H, Zhou H, et al. Robust visual tracking based on online learning sparse representation [J]. Neurocomputing, 2013, 100: 31-40.
[198] Dawn D D, Shaikh S H. A comprehensive survey of human action recognition with spatio-temporal interest point (STIP) detector [J]. The Visual Computer, 2016, 32(3): 289-306.
[199] LeCun Y, Boser B, Denker J S, et al. Backpropagation applied to handwritten zip code recognition[J]. Neural Computation, 1989, 1(4): 541-551.
[200] Smolensky P. Information processing in dynamical systems: Foundations of harmony theory [J]. Parallel Distributed Processing, 1986, 1:194-281.
[201] Freund Y, Haussler D. Unsupervised learning of distributions on binary vectors using two layer networks[C]//Advances in Neural Information Processing Systems, Chicago, 1992: 912-919.
[202] Carreira-Perpinan M A, Hinton G E. On contrastive divergence learning [C]//International Conference on Artificial Intelligence and Statistics, 2005, 10: 33-40.
[203] Mishkin D, Matas J. All you need is a good init [J]. arXiv preprint arXiv:1511.06422, 2015: 1-13.
[204] Hendrycks D, Gimpel K. Generalizing and improving weight initialization [J]. arXiv preprint arXiv:1607.02488, 2016: 1-9.
[205] Simonyan K, Zisserman A. Very deep convolutional networks for large-scale image recognition [J]. arXiv preprint arXiv:1409.1556, 2014: 1-14.
[206] Krizhevsky A, Sutskever I, Hinton G E. ImageNet classification with deep convolutional neural networks [C]//Advances in Neural Information Processing Systems, Lake Tahoe, 2012: 1097-1105.

[207] Hinton G E, Salakhutdinov R R. Reducing the dimensionality of data with neural networks [J]. Science, 2006, 313(5786): 504-507.

[208] Hinton G E, Osindero S, Teh Y W. A fast learning algorithm for deep belief nets [J]. Neural Computation, 2006, 18(7): 1527-1554.

[209] Hinton G E, Salakhutdinov R R. A better way to pretrain deep Boltzmann machines [C]//Advances in Neural Information Processing Systems, Lake Tahoe, 2012: 2447-2455.

[210] Raptis M, Kokkinos I, Soatto S. Discovering discriminative action parts from mid-level video representations [C]//IEEE Conference on Computer Vision and Pattern Recognition, Rhode Island, 2012: 1242-1249.

[211] Lan T, Wang Y, Mori G. Discriminative figure-centric models for joint action localization and recognition [C]// Proceedings of the International Conference on Computer Vision, Barcelona, 2011: 2003-2010.

[212] Rezazadegan F, Shirazi S, Sünderhauf N, et al. Enhancing human action recognition with region proposals [C]// Proceedings of the Australasian Conference on Robotics and Automation, Canberra, 2015: 1-6.

[213] Mironică I, Duţă I C, Ionescu B, et al. A modified vector of locally aggregated descriptors approach for fast video classification [J]. Multimedia Tools and Applications, 2016, 75(15): 9045-9072.

[214] Souly N, Shah M. Visual saliency detection using group LASSO regularization in videos of natural scenes [J]. International Journal of Computer Vision, 2016, 117(1): 93-110.

[215] Le Q V, Zou W Y, Yeung S Y, et al. Learning hierarchical invariant spatio-temporal features for action recognition with independent subspace analysis [C]// IEEE Conference on Computer Vision and Pattern Recognition, Colorado Springs, 2011: 3361-3368.

[216] Zitnick C L, Dollár P. Edge boxes: Locating object proposals from edges [C]//European Conference on Computer Vision, Springer, Cham, 2014: 391-405.

[217] Laptev I, Caputo B. Recognizing human actions: A local SVM approach [C]// Proceedings of the International Conference on Pattern Recognition, Cambridge, 2004, 32-36.

[218] Schindler K, van Gool L J. Action snippets: How many frames does human action recognition require? [C]// Proceedings of the Conference on Computer Vision and Pattern Recognition, Anchorage, 2008: 1-8.

[219] Ahmad M, Lee S W. Human action recognition using shape and CLG-motion flow from multi-view image sequences [J]. Pattern Recognition, 2008, 41(7): 2237-2252.

[220] Jhuang H, Gall J, Zuffi S, et al . Towards understanding action recognition [C]// Proceedings of the International Conference on Computer Vision, Sydney, 2013: 3192-3199.

[221] Richard A, Gall J. A bag-of-words equivalent recurrent neural network for action recognition [J]. Computer Vision and Image Understanding, 2017, 156: 79-91.

[222] Gkioxari G, Malik J. Finding action tubes [C]// Proceedings of the Conference on Computer Vision and Pattern Recognition, Boston, 2015: 759-768.

[223] Uijlings J R R, van de Sande K E A, Gevers T, et al. Selective search for object recognition[J]. International Journal of Computer Vision, 2013, 104(2): 154-171.

[224] Peng X, Zou C, Qiao Y, et al. Action recognition with stacked Fisher Vectors[C]// Proceedings of the European Conference on Computer Vision, Springer, Cham, 2014: 581-595.

[225] Daubechies I. The wavelet transform, time-frequency localization and signal analysis [J]. IEEE Transactions on Information Theory, 1990, 36(5): 961-1005.

[226] Shensa M J. The discrete wavelet transform: Wedding the à trous and Mallat algorithms [J]. IEEE Transactions on Signal Processing, 1992, 40(10): 2464-2482.

[227] 刘挺, 尤韦彦. 一种基于离散小波变换和 HVS 的彩色图像数字水印技术 [J]. 计算机工程, 2003, 29(4): 115-117.